普通高等教育智能飞行器系列教材
航天科学与工程教材丛书

航天智能探测原理与设计

王明明　曹建峰　曹姝清　李　滚　编著

科学出版社

北　京

内 容 简 介

本书系统介绍航天智能探测技术的基本原理与设计方法，包括地基探测和天基探测，讨论探测体制的现有框架及其智能化发展趋势。全书从空间目标探测的航天工程背景、基本概念和发展现状出发，介绍智能探测的理论基础与数学模型，包括探测传感器、数据采集与处理和深度学习算法等。在此基础上，分别阐述地基探测和天基探测的算法原理和典型应用。针对地基探测，介绍光学探测技术、无线电探测技术及其在目标智能识别、目标跟踪与精密定轨等方面的应用。针对天基探测，介绍可见光探测技术、红外探测技术及其在目标智能识别、航迹估计等方面的应用。最后，梳理未来航天智能探测的发展趋势及其在跨学科领域的应用前景。

本书可作为高等院校探测、导航、飞行器设计等专业高年级本科生或研究生的教学用书，也可供空间目标智能探测领域的科研人员参考。

图书在版编目（CIP）数据

航天智能探测原理与设计 / 王明明等编著. -- 北京：科学出版社，2024.12. --（普通高等教育智能飞行器系列教材）（航天科学与工程教材丛书）. -- ISBN 978-7-03-080210-1

Ⅰ. V476

中国国家版本馆 CIP 数据核字第 2024YZ7469 号

责任编辑：宋无汗 / 责任校对：崔向琳
责任印制：赵　博 / 封面设计：迷底书装

科学出版社出版
北京东黄城根北街 16 号
邮政编码：100717
http://www.sciencep.com
北京中石油彩色印刷有限责任公司印刷
科学出版社发行　各地新华书店经销
*
2024 年 12 月第　一　版　开本：787×1092　1/16
2024 年 12 月第一次印刷　印张：11 1/2
字数：273 000
定价：80.00 元
（如有印装质量问题，我社负责调换）

"普通高等教育智能飞行器系列教材"编委会

序

　　星河瑰丽，宇宙浩瀚。从辽阔的天空到广袤的宇宙，人类对飞行、对未知的探索从未停歇。一路走来，探索的路上充满了好奇、勇气和创新。航空航天技术广泛融入了人类生活，成为了推动社会发展、提升国家竞争力的关键力量。面向"航空强国""航天强国"的战略需求，如何培养优秀的拔尖人才十分关键。

　　"普通高等教育智能飞行器系列教材"的编写是一项非常具有前瞻性和战略意义的工作，旨在适应新时代航空航天领域与智能技术融合发展的趋势，发挥教材在人才培养中的关键作用，牵引带动航空航天领域的核心课程、实践项目、高水平教学团队建设，与新兴智能领域接轨，革新传统航空航天专业学科，加快培养航空航天领域新时代卓越工程科技人才。

　　该系列教材坚持目标导向、问题导向和效果导向，按照"国防军工精神铸魂、智能飞行器领域优势高校共融、校企协同共建、高层次人才最新科研成果进教材"的思路，构建"工程单位提需求创背景、学校筑基础拔创新、协同提升质量"的教材建设新机制，联合国内航空航天领域著名高校和科研院所成体系规划和建设。系列教材建设团队成功入选了教育部"战略性新兴领域'十四五'高等教育教材体系建设团队"。

　　在教材建设过程中，持续深化国防军工特色文化内涵，建立了智能航空航天专业知识和课程思政育人同向同行的教材体系；以系列教材的校企共建模式为牵引，全面带动校企课程、实践实训基地建设，加大实验实践设计内容，将实际工程案例纳入教材，指导学生解决实际工程问题、增强动手能力，打通"从专业理论知识到工程实际应用问题解决方案、再到产品落地"的卓越工程师人才培养全流程，有力推动了航空航天教育体系的革新与升级。

　　希望该系列教材的出版，能够全面引领和促进我国智能飞行器领域的人才培养工作，为该领域的发展注入新的动力和活力，为我国国防科技和航空航天事业发展作出重要贡献！

中国工程院院士　侯晓

前　言

在对无垠宇宙的探索中，人类始终怀揣着对未知世界的无限向往与好奇，不断推动着科学技术的进步。航天技术作为这一壮丽旅程的基石，不仅承载着国家的战略愿景，更是人类文明和科技进步的重要标志。航天智能探测技术是现代航天技术的重要组成部分，对于推动人类太空探索事业具有重要意义。从月球探测、火星采样，到小行星探索、深空航行，每一次任务的成功都离不开先进智能探测技术的支持，更具挑战性的航天任务也对智能探测技术提出了越来越高的要求。航天智能探测技术正以前所未有的速度发展。

本书包含航天科学、人工智能、自动控制、信号处理等多学科的内容，系统地阐述了航天智能探测的基本原理、关键技术、设计方法及其实际应用。在当今这个信息爆炸、技术日新月异的时代，航天智能探测已不再是独立发展的单一学科，而是多学科交叉融合、相互促进的产物。因此，本书以航天智能探测的原理、方法和技术为核心，力求构建一个系统、开放的知识体系，让读者在掌握基础理论的同时，能够洞察技术前沿，激发创新思维。

在内容编排上，本书从航天智能探测的基本概念入手，逐步深入到探测传感器原理与应用、数据处理与融合、目标特性分析、精密定轨、智能航迹估计等核心环节，通过丰富的原理介绍和实践应用，力求将抽象的理论知识转化为具体可感的技术实践，使读者能够深刻理解航天智能探测技术的内在逻辑和外在表现。本书在介绍现有技术成果的同时，也注重展望未来的发展趋势，如微型化和轻量化探测系统在航天中的推广、人工智能在复杂任务中的深化应用、多任务集成与协同探测的综合实践、新体制和新理论对航天器设计的革新等。本书最后还特别关注了当前航天领域面临的挑战与机遇，如深空探测、太空资源开发与利用、空间环境监测与预警、商业航天等热点问题，为读者提供了深入思考和探索的空间。

本书部分内容来自作者及合作者的研究工作，其余内容来自作者对国内外文献资料调研的知识积累与分析整合。全书共 7 章：第 1 章给出航天探测技术的概况和国内外空间目标探测的发展现状与发展趋势；第 2 章介绍智能探测的理论基础，涉及探测传感器、数据采集与处理和深度学习算法等；第 3、4 章针对地基探测体制，介绍光学与无线电探测技术及其在目标智能识别、目标跟踪与精密定轨等方面的应用；第 5、6 章针对天基探测体制，介绍可见光与红外探测技术及其在目标智能识别、航迹估计等方面的应用；第 7 章介绍未来航天智能探测的发展趋势及其在跨学科领域的应用前景。

本书主要作为探测、导航、飞行器设计及相关专业的本科生教材，也可作为高等院校相关专业研究生的教学参考书，以及航天器设计、研究、研制等领域科学技术人员的参考资料。希望本书可以引发更深层次和更大范围的创新研究与应用，共同促进我国航天事业的进步和发展。

　　本书撰写过程中，得到了西北工业大学、北京航天飞行控制中心、上海航天控制技术研究所、电子科技大学各级领导的关心与支持。此外，西北工业大学空间操作技术研究所为本书的撰写和出版提供了支持，罗建军教授、孟中杰教授、朱战霞教授、马卫华教授对本书的修改与提升提出了宝贵意见。最后，对于相关研究的合作者及参与书稿整理的研究生武黎明、张震、梁澄汐、李佳琪表示诚挚的感谢！

　　航天智能探测是一个高度综合且快速发展的领域，它融合了众多学科的理论与技术，包括但不限于物理学、电子学、计算机科学、人工智能、控制理论、材料科学等，新的探测机制、概念、理论等快速涌现。此外，传感、智能、控制技术的进步以及多学科交叉融合，将加速催生新一代航天智能探测技术。这些内容远非一本教材所能覆盖，鉴于作者教学经验和撰写水平有限，书中不妥之处在所难免，敬请读者批评指正！

作　者

2024 年 8 月于西安

目　录

第 1 章

航天探测技术简介

　　航天系统是国家科技实力和战略能力的象征，其核心在于实现对地球和空间环境的全面探测与控制。它囊括了从火箭、航天器的发射到在轨操作、深空探测等任务完成的整个过程。航天系统是一项庞大而复杂的系统工程，航天探测是其中至关重要的组成部分，涵盖了对地外空间的感知、信息获取和动态监测等多方面(图 1-1)。随着太空成为国际竞争的前沿，航天探测的意义不再仅限于天文学、地球科学、空间环境科学等领域，而是扩展到了空间安全、资源开发和深空探测等多个新兴领域，展现出前所未有的价值和潜力。

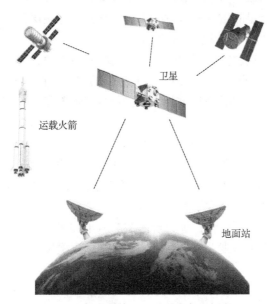

图 1-1　航天系统——地面段与空间段

　　航天探测涉及对地球轨道、深空和太空环境信息的获取，以及对空间环境中的各类目标进行监测、识别和跟踪。随着人类航天活动的不断增加和空间环境的日益复杂，航天探测技术在监测航天器状态、保障通信正常、维护国家安全和支持科学研究等方面发挥着关键作用。当前，航天探测技术正快速发展，涵盖了地基探测和天基探测两大方面，融合了多种先进的传感器和数据处理技术。通过引入多传感器融合、人工智能、大数据分析和自主化控制等技术，航天探测系统正逐步实现更高的精度、灵敏度和实时性。

然而，面对日益严峻的空间环境，未来的航天探测技术仍需克服诸多挑战，以进一步推动新型探测器与传感器开发、先进计算与数据处理、超高分辨率成像与监测、深空探测与星际航行等方向的技术突破。通过持续的技术创新和国际合作，航天探测技术将为人类探索宇宙、保护地球环境和保障空间安全提供更加坚实的技术支持。

1.1 空间目标概况

1.1.1 空间探测的基本目的

1. 监测与获取空间环境信息

空间环境探测的主要内容包括三个方面：空间环境扰动源的监测、空间环境状态及其变化监测、空间环境对人类活动的影响监测。通过空间环境监测，可以全面了解和应对空间环境的各种变化及其对人类活动的影响。

1) 空间环境扰动源的监测

空间环境扰动源的监测主要集中在太阳大气活动，具体包括以下方面：太阳日冕物质抛射和高能粒子的释放，这些现象可能引发地球磁层暴和热层暴；高速太阳风会影响地球磁层和电离层；行星际磁场和激波的作用会导致地球磁层暴和热层暴；太阳耀斑可能引发地球电离层暴和太阳高能粒子事件。

为提前预报这些扰动，需监测太阳大气活动的先兆现象，如太阳活动区、冕洞等的位置、结构及其演化。监测手段包括地面和天基遥感监测，主要集中在远紫外、极紫外和 X 射线波段，同时结合现场监测以捕捉太阳抛射的带电粒子、太阳风等离子体和行星际磁场等信息。

2) 空间环境状态及其变化监测

空间环境状态及其变化监测主要涉及人类活动最多的空间区域环境，包括磁层、电离层和中高层大气。监测对象包括带电粒子、等离子体、中性粒子和电磁场。带电粒子监测磁层和辐射带的捕获粒子及太阳和宇宙的粒子，种类包括电子、质子和重离子，能量范围从电子伏特到千兆电子伏特；等离子体监测电子和离子的密度和温度；中性粒子监测中高层大气的中性粒子密度、成分和风场；电磁场以磁场和电场的监测为主，辅以电磁波的监测。

此外，遥感和路径监测主要针对中高层大气和电离层，包括大气温度、密度、成分、风场、气辉(高层大气的一种微弱发光现象)、高层闪电、电子密度总量和剖面等。

3) 空间环境对人类活动的影响监测

空间环境对人类活动的影响监测主要关注航天器和航天员的安全与通信、导航和定位。航天器和航天员的安全包括辐射剂量效应、表面及深层充放电效应、舱内瞬态电磁脉冲干扰效应、器件的单粒子效应、空间原子氧的剥蚀效应、航天器气体污染效应、空间碎片的碰撞和沙蚀效应等。通信、导航和定位方面的影响包括电离层的闪烁、法拉第旋转、信号相位和幅度漂移、信号失锁。空间环境监测与科学研究的主要区别在于其需要连续性和长期稳定性,以保障航天器、航天员的安全与通信、导航和定位服务的正常运行。

综上所述,空间环境探测的基本目标是及时监测和预报天体(主要是太阳)活动及其引发的空间环境变化,确保人类航天活动的安全和有效进行。

2. 空间目标探测、识别与分类、跟踪

空间目标探测、识别与分类、跟踪是空间环境探测的重要组成部分,也是本书的主要内容。其基本目的是通过先进的技术手段,对空间目标进行有效的探测、识别与分类、跟踪,以确保空间活动的安全和顺利进行。以下是这三方面的详细内容。

1) 空间目标探测

空间目标探测技术是指通过各种手段和方法发现并定位空间中的目标物体。这些目标包括人造卫星、空间碎片、小行星、彗星和其他宇宙物体。探测技术主要涉及雷达探测、光学探测、红外探测和无线电探测。雷达探测利用地面和天基雷达系统,通过发射和接收电磁波信号来探测空间目标的位置和运动轨迹;光学探测使用地面和空间望远镜,通过可见光和近红外波段成像来发现和探测空间目标;红外探测通过红外望远镜和传感器,检测目标物体发出的热辐射,尤其适用于探测地球阴影区的目标;无线电探测利用无线电信号和射电望远镜,捕捉空间目标的电磁辐射或反射信号,以确定其位置和特征。

2) 空间目标识别与分类

空间目标识别与分类是指在探测到目标后,通过分析其特征数据,确定目标的类型和性质。该过程包括特征提取、模式识别、分类系统和数据库比对等。从探测数据中提取出目标的基本特征,如形状、尺寸、亮度、光谱特性等,利用先进的算法和人工智能技术对提取的特征进行分析,识别目标的类型,如卫星、空间站、碎片、小行星等。建立分类标准和系统,将目标按照其性质和用途进行分类,如商业卫星、军事卫星、科学探测器、空间垃圾等,并将探测到的目标数据与已有的空间目标数据库进行比对,确认目标的身份和历史记录。

3) 空间目标跟踪

空间目标跟踪是指在识别与分类目标后,对其进行持续监测,获取其运动轨迹和动态特性。该过程包括轨道计算、连续监测、数据融合和预警系统等。通过分析目标的运动数据,计算其轨道参数,并预测其未来位置;使用雷达、光学、红外等多种手段,对目标进行连续监测,确保实时获取其位置和状态变化;将来自不同探测手段的数据进行融合,形成综合的目标跟踪信息,提高跟踪的准确性和可靠性;建立空间目标预警系统,对可能威胁到航天器或地球的空间目标,及时发出预警信号,采取必要的防护措施。

综上所述,空间目标探测、识别与分类、跟踪的基本目的是通过先进的探测技术发现空间目标,利用识别与分类技术确定其类型和性质,并通过持续跟踪获取其运动轨迹和动态信息。这些工作对于保障航天器和航天员的安全,避免空间碰撞,保护地球环境等具有重要意义。同时,上述技术也为科学研究和空间资源开发提供了重要支持。

3. 空间物体特性确定与数据管理

空间物体特性确定与数据管理是空间环境探测中至关重要的环节,旨在全面评估空间目标的威胁，确定其特性，并进行有效的数据管理。

1) 目标威胁评估与威胁缓解

目标威胁评估与威胁缓解主要涉及识别并评估空间物体对航天器、地面设施和人类活动的潜在威胁，采取措施减轻上述威胁。其具体包括威胁识别、碰撞概率计算、风险评估、威胁缓解措施和预警系统等。通过雷达、光学和红外等探测手段，识别可能威胁航天器和地球的空间目标，如近地小行星、空间碎片和失控卫星；基于目标的轨道数据和航天器的运行轨道，计算潜在碰撞的概率，以确定威胁级别；综合考虑目标的大小、速度、轨道特性和碰撞后果，进行详细的风险评估，确定其对航天器和地面设施的威胁程度；制定并采取缓解措施，如调整航天器轨道、发射反制措施或采用保护技术，以减少或消除威胁。对于空间碎片，可以考虑主动清除技术，如捕捉、拖曳和销毁；建立空间威胁预警系统，及时发出潜在威胁的预警信号，并协调相关机构采取应对措施。

2) 目标特性数据管理

目标特性数据管理是指对空间目标的特性数据进行系统收集、存储、分析和共享，确保数据的准确性和可用性。其具体包括数据收集、数据存储、数据分析、数据共享和数据更新等。通过各种探测手段，获取目标特性数据，如轨道参数、形状、大小、材质、表面特征和光谱特性等；建立高效的数据库系统，将收集到的目标特性数据进行分类存储，确保数据的安全性和完整性；利用先进的数据分析技术和工具，对目标特性数据进行深入分析，提取有价值的信息，用于威胁评估和缓解决策；建立数据共享机制，促进国际和国内相关机构之间的数据交流和合作，提高整体空间目标管理能力；定期更新数据库中的目标特性数据，确保数据的及时性和准确性，适应动态变化的空间环境。

综上所述，空间目标特性确定与数据管理的基本目的是通过系统的威胁评估和缓解措施，保障航天器和地面设施的安全。同时，通过高效的数据管理，确保目标特性数据的准确性和可用性，为空间环境探测提供可靠的基础支持。上述工作对于维护空间安全、提升空间活动效率和促进国际合作具有重要意义。

1.1.2　空间目标定义和分类

1. 空间目标的定义

空间目标是指在地球大气层外运行的所有人造物体和自然物体。这些目标包括但不限于卫星、空间站、火箭残骸、空间碎片、小行星和彗星等。空间目标的监测和识别对于空间安全、科学研究和国家安全等诸多方面具有重要意义。

2. 空间目标的分类

空间目标的分类可以从多个角度进行，主要包括以下几种：

1) 来源分类

空间目标按照来源分类主要包括人造物体和自然物体两个大类。

人造物体是指人类通过航天技术发射和放置在空间中的各种设备和结构，具体包括人造卫星、空间站、航天器、火箭残骸和空间碎片等。人造卫星是用于通信、导航、气象监测、科学探测和军事用途的各种卫星。空间站是大型的载人或无人平台，用于科学实验和人类长期居住。航天器包括探测器、运输器等，用于太空探索和物资运输。火箭残骸是指运载火箭在完成任务后遗留在轨道上的部分，这些残骸有时会成为空间碎片。空间碎片是由于人造物体的碰撞、爆炸或老化等原因产生的失控或破碎的小型物体，这些碎片可能对其他航天器造成威胁。

自然物体是指存在于空间中的自然天体，包括小行星、彗星、流星体和宇宙尘埃等。小行星是位于太阳系内的较小岩石天体，主要分布在火星和木星之间的小行星带，但也有一部分小行星的轨道接近地球，称为近地小行星。彗星是由冰、尘埃和岩石组成的小天体，当它们接近太阳时，会形成明亮的彗头和长长的彗尾。流星体是来自宇宙空间的小颗粒，当它们进入地球大气层时，由于摩擦生热而燃烧形成流星体。宇宙尘埃是散布在太阳系中的微小颗粒，虽然个体质量很小，但数量庞大，对探测器和航天器表面可能产生累积性影响。

通过对空间目标的来源进行分类，可以更清晰地了解这些物体的性质和行为特点，从而制定有效的监测和管理策略，确保空间活动的安全和可持续性。

2) 用途分类

空间目标根据其用途可分为通信卫星、导航卫星、气象卫星、科学探测卫星、军用卫星和遥感卫星等几类。

通信卫星主要用于传输各种通信信号，包括电话、电视、广播和互联网服务。它们通常位于地球静止轨道(geostationary earth orbit，GEO)，以确保信号稳定的覆盖和传输。导航卫星用于提供导航和定位服务，目前建设有全球定位系统(global positioning system，GPS)、全球导航卫星系统(global navigation satellite system，GLONASS)、伽利略导航卫星系统(Galileo)、北斗导航卫星系统(BDS)等导航星座，帮助用户确定精确位置和时间信息，广泛应用于交通运输、军事、科学研究和民用领域。气象卫星用于监测和预报地球的气象和气候变化，收集大气、海洋和陆地的数据，包括静止气象卫星和极轨气象卫星，前者固定在赤道上空的某一位置，提供连续观测；后者沿极地轨道运行，覆盖地球的不同区域。科学探测卫星用于进行科学研究和空间探测，探索宇宙的奥秘，研究地球及其周围环境，包括地球观测卫星、天文卫星和空间探测器，如哈勃空间望远镜、詹姆斯·韦布空间望远镜(James Webb space telescope，JWST)和各种行星探测器。军用卫星用于军事侦察、监视、通信、导航和导弹预警等目的。此类卫星能够提供高分辨率的地面图像、实时通信链接和精确的导航信息，增强军事行动的效能和安全性。遥感卫星的典型应用有高分系列、资源系列、海洋系列等，它们在国土勘查、资源勘探、防灾减灾、农林牧渔等领域发挥了巨大的作用，是人类在地球上安居乐业背后的守护。相比巨大的地球，人类的活动范围实际上是微不足道的，城市建成面积甚至不足陆地面积的1%，更何况还有更为广袤的海洋。通过大量遥感低轨卫星(高度300～2000km)携带各类科研仪器，可以在极短时间内飞过地球一圈。卫星寿命一般可以长达数年，能长期稳定提供海量观测数据，远远超过人类的任何一种工具。

通过对空间目标进行用途分类，可以更好地理解和管理这些物体的功能和作用，优化其使用效率，确保各类空间活动的安全和有序进行。

3) 轨道分类

空间目标根据其所在轨道可以分为低地球轨道(low earth orbit，LEO)卫星、中地球轨道(medium earth orbit，MEO)卫星、地球静止轨道(GEO)卫星、地球同步转移轨道(geostationary transfer orbit，GTO)卫星和太阳同步轨道(sun-synchronous orbit，SSO)卫星等几类，如表1-1所示。

表1-1 按照轨道分类卫星

轨道类型	LEO	MEO	GEO	GTO	SSO
高度/km	200~2000	5000~20000	35786	最大35786	600~800
周期/min	最多128	约720	1440	630	96~100

LEO是距地球表面200~2000km的轨道。LEO卫星包括国际空间站、科学研究卫星、地球观测卫星和通信卫星。LEO卫星的特点是离地球近，绕地球一圈时间短，通常在90~128min，适用于需要高分辨率图像和快速数据传输的任务。这些轨道的低高度使得发射成本较低，同时也便于卫星回收和维护。

MEO位于5000~20000km。MEO主要用于导航卫星系统，如美国的GPS、俄罗斯的GLONASS、欧洲的Galileo和中国的北斗。MEO卫星的覆盖范围较广，适合为全球用户提供连续和可靠的定位和导航服务。通常，MEO卫星的轨道周期约为12h，能够稳定地覆盖地球的大部分区域，并且具备比LEO卫星更高的持久性和更广的覆盖能力。

GEO位于35786km的高度，其特点是轨道周期与地球自转周期一致，即24h，因此GEO卫星相对于地面保持固定位置。GEO卫星常用于通信、广播和气象观测，这是因为它们能够提供连续的区域覆盖和稳定的信号传输。这一高度的轨道使得卫星能够覆盖地球表面的大片区域，是长时间不间断服务的理想选择，但需要较高的发射能量来到达这一轨道。

GTO是一种过渡轨道，通常用于将卫星从低地球轨道转移到地球静止轨道。GTO的近地点在LEO高度，而远地点接近GEO高度。卫星发射时首先进入GTO，然后通过自身的推进系统进行轨道提升，最终进入GEO。GTO是发射地球同步卫星的一种高效方式，这是因为GTO的设计允许卫星在地球引力的作用下自然地向远地点移动，同时卫星的推进系统只需在适当的时机进行轨道修正和加速，以确保卫星能够准确地进入GEO。

SSO是一种特殊的极地轨道，卫星在该轨道上运行时，每次通过特定地点的时间基本相同。SSO通常高度在600~800km，非常适合作为地球观测卫星和气象卫星的轨道，这是因为它们能够在相同的太阳照射条件下拍摄地球的每一部分。这种轨道确保了卫星能够定期在相同光照条件下获取数据，有利于长期监测和比较。

通过对空间目标所在轨道的分类，可以更清晰地了解不同轨道的特点和用途，为合理规划和管理空间资源，确保各种空间任务的有效执行提供重要依据。

1.1.3　空间目标的特性和空间监视系统技术需求

1. 空间目标的共有特性

空间目标在轨道上的运动遵循无动力惯性飞行的规律，其本质与自然天体的运动一致。因此，研究空间目标的运动可以采用天体力学的方法。空间目标在运动过程中，受到地球引力、月球引力、太阳及其他天体引力、大气阻力和太阳光压摄动力等多种力的作用，使轨道发生摄动。然而，实际分析表明，空间目标主要受地球引力的影响。假设空间目标仅受地球引力作用，同时假设地球为质量均匀分布的球体，则空间目标与地球构成一个二体系统，开普勒三大定律和牛顿万有引力定律是研究空间目标轨道的基础。

在二体系统中，空间目标严格按照椭圆轨道运行，地球位于椭圆的一个焦点上。描述空间目标运动的六个轨道参数为长半轴、偏心率、轨道倾角、升交点赤经、近地点幅角、平近点角。在这六个轨道参数中，只有平近点角是时间的函数，其他轨道参数均可视为常数。不同任务和类型的卫星选择的轨道参数各不相同。

除了地球引力，空间目标还受到其他作用力的影响，这些作用力统称为摄动力。摄动力包括月球引力、太阳及其他天体引力、大气阻力和太阳光压摄动力等。在不同轨道高度上，空间目标所受的摄动力大小不同。在近地轨道(高度在 2000km 以下)运行的空间目标，主要受到地球的非球形引力和大气阻力的影响。对于轨道高度在 300km 以下的空间目标，大气阻力是主要的摄动力，而在更高轨道上运行的空间目标，主要受太阳和月球引力的影响。

正常工作的卫星通常具有姿态控制能力，目前常用的姿态控制方式有自旋稳定姿态控制、重力梯度稳定姿态控制和三轴稳定姿态控制等。其中，自旋稳定姿态控制和三轴稳定姿态控制是应用最广泛的两种方式。相比之下，空间碎片缺乏姿态控制能力和轨道控制能力，其运动一般表现为翻滚运动。

2. 各类典型空间目标特性

1) 卫星和空间站的目标特性

卫星和空间站按照预先设定的轨道运行，其轨道参数是根据卫星所覆盖的地域和战术技术工作方式、任务需求等因素而定的。

卫星和空间站作为主要的空间目标，具有一些独特的目标特性。卫星的目标特性包括其轨道参数、质量、尺寸、形状、表面材质和功能用途。卫星的轨道参数，如轨道倾角、近地点高度、远地点高度和轨道周期等决定了其运行轨迹和覆盖范围。卫星的质量和尺寸则影响其发射和操作成本，其形状和表面材质与其在空间中的热管理和电磁特性相关。卫星的功能用途可以是通信、导航、气象观测、科学研究或军事用途等，每种用途决定了其具体的设计和操作模式。

空间站的目标特性包括其大型模块化结构、长期驻留能力、多功能实验设施和复杂的生命支持系统。空间站通常位于 LEO，以便于人员和物资的运输。其大型结构由多个模块组成，每个模块具有特定的功能，如实验室、居住区、储存区和能源模块。空间站具备长期驻留能力，能够支持宇航员进行长期的科学实验和生活。其多功能实验设施使其成为重要的科学研究平台，能够进行微重力环境下的各类实验。复杂的生命支持系统确保宇航员在空间环境中的安全和健康。

综上所述，卫星和空间站的目标特性涉及轨道、物理属性、功能用途和支持系统，这些特性决定了它们在空间中的运行方式和使用价值。理解这些特性对于空间目标的探测、识别、跟踪和管理具有重要意义。

2) 空间碎片的目标特性

空间碎片的目标特性包括其物理特性、动力学特性和环境影响。物理特性方面，空间碎片的形状、大小、质量和材质各异，从几毫米的小颗粒到几米的大型部件都有可能存在。动力学特性方面，空间碎片通常沿着不同轨道高速运动，其轨道高度可以在 LEO、MEO 和 GEO 范围内。环境影响方面，空间碎片对航天器和卫星构成潜在威胁，可能导致碰撞、损坏甚至破坏。此外，空间碎片还会影响空间探测和操作的安全性，增加任务的复杂性和成本。

综上所述，空间碎片的目标特性十分多样化，其不规则的运动和潜在的危害性使其成为空间环境监测和管理的重点对象。

3) 弹道导弹的目标特性

弹道导弹的目标特性主要包括其飞行轨迹、速度、射程、精度和弹头类型。弹道导弹的飞行轨迹通常分为三个飞行阶段：初始助推段、中段飞行段和末端再入段。在初始助推段，导弹由火箭发动机推进，快速上升至预定高度；在中段飞行段，导弹以惯性飞行，在外太空沿抛物线轨迹运行；在末端再入段，导弹重新进入大气层，迅速下降至目标。弹道导弹的速度极高，可达到数千至数万千米每小时，且射程从几百千米到数万千米不等，具体取决于导弹类型(如短程、中程、洲际)。精度方面，现代弹道导弹采用先进的制导系统，如惯性导航系统、卫星导航系统等，使其能够精确打击目标。弹头类型多样，包括常规高爆弹头、核弹头、生化弹头等，能够对目标造成不同程度的破坏。

综上所述，上述特性使得弹道导弹在战略和战术军事行动中具有重要地位，且其探测与拦截对防空系统提出了极高的要求。

3. 空间监视系统的技术需求

空间目标飞行速度快，卫星的速度通常在 8km/s 左右，轨道高度在 100～40000km。弹道导弹的速度范围为 1～8km/s，轨道高度在 10～2500km。大多数卫星按照固定轨道运行，但一些具有变轨能力。弹道导弹既可以按标准弹道发射，也可以采用高弹道或机动飞行。卫星在运行过程中常伴有末级火箭和碎片，而弹道导弹则可能伴随大量假目标。这些特性对空间监视系统提出了如下基本需求。

作用距离远：为了提供较长的预警时间和足够的观测弧度，空间监视系统的作用距离通常需要在 1000～5000km。

覆盖范围大：空间监视系统应选择多个扇面覆盖国家的整个空间区域。对某一固定监测站而言，可选择 120°～360° 的方位角范围和 0°～90° 的仰角范围，以实现广泛的覆盖。

多目标识别能力：在高目标密度的空间环境下，系统应具有高的距离和角度分辨率，以便分辨单个目标和提高测轨精度。高精度测量可以直接提高轨道测定性能，帮助精确确定卫星轨道和弹道导弹的落点和发点，并分辨目标属性。高分辨率还可以提供目标的形状特征和主要散射体的长度测量与成像识别，从而识别目标。

精确测轨能力：为了精确测定目标的轨道，空间监视系统需要具有高精度的角度、距离和速度测量能力。

快速反应时间：在空间攻防作战中，系统必须对高速来袭目标作出快速反应。从发现、识别、跟踪到反击，往往只有数分钟甚至数十秒的时间。

全天候、全天时连续监视：由于航天器和弹道导弹飞行速度快，预警时间通常只有数分钟，因此空间监视系统必须实现全天候、全天时的连续监视，以确保无漏防御。光电探测系统受限于天气和日光，无法全天候、全天时探测；无线电探测为被动探测，受限于卫星是否"发射信号"；雷达特别是远程相控阵雷达能够满足全天候、全天时连续不间断空间监视的要求。

综上所述，空间监视系统的设计必须考虑到作用距离远，覆盖范围大，多目标识别能力，精确测轨能力，快速反应时间和全天候、全天时连续监视的需求，以确保对空间目标的全面监控和有效应对。

1.2　空间目标探测发展现状

1.2.1　空间目标探测系统

空间在政治、军事、经济等领域的战略地位日益提高。在以信息战为核心的未来高科技战争中，空间将发挥越来越重要的作用。不论是在和平时期，还是在未来高科技战争中，"制天权"将成为争夺军事优势的重要手段。空间目标探测和识别是实现这一目的的重要技术手段之一。发达国家非常重视该技术的发展，努力达到在和平时期和战时能够实时对空间目标进行监视、识别和跟踪，掌握和实时提供空间目标态势，必要时对危险空间目标作出反应，以便在未来高科技战争中掌握主动权。

空间目标探测系统的发展经历了多个阶段，不同国家在不同时间点作出了重要贡献。以下从时间顺序和国家组织的角度，详细介绍若干重要的空间目标探测系统，阐明探测目标和探测方式的技术进步。

1. 早期探索

1) 美国

科罗娜(CORONA)项目：美国首个成功的侦察卫星项目，使用光学成像技术，通过胶片返回地球的方法进行图像获取。自 1959 年 6 月至 1972 年 5 月，该卫星主要以摄影的形式侦察苏联等国境内的目标，共计发射 145 次，共从太空拍摄 80 万张照片，使用胶片长度达 640000 米。该计划的前十二次全部失败。1960 年 8 月，第十三次成功返回大气层并被收回，为人类历史上首次实现返回的卫星计划。第十四次携带摄像设备，拍摄完照片后，以返回舱的形式进入大气层，在夏威夷海域被美国空军拦截收回。该卫星为美国战略侦察带来革命性变化，被美国军方人士形容为"如同在黑屋子里打开手电筒"，标志着空间目标探测进入实用阶段。

千里眼(DiGna)项目：美国陆军信号军团在 1946 年开展的一个项目，目的是研究雷达波在穿越地球大气层和反射回地面的过程中所受的影响。这个项目成功地在新泽西州的坎贝尔敦使用 SCR-271 雷达发射雷达波，并在 2.5s 后接收到反射波，从而首次证明了可以用雷达探测和监测高空目标。千里眼雷达的成功为后续地基雷达系统的研发提供了技术验证和数据支持。

2) 苏联

斯普特尼克计划(Sputnik Program)：其中的斯普特尼克 1 号于 1957 年发射，是世界上第一颗人造地球卫星。它的发射标志着人类首次成功将物体送入地球轨道。它外表是一个直径为 58cm 的抛光金属球，带有四个外部无线电天线来广播无线电脉冲。卫星的成功发射开启了一个政治、军事、技术和科学发展新时代，引发了美国人造卫星危机和冷战时期的太空竞赛。该卫星具有五个主要的科学目的：测试将人造卫星放入地球轨道的方法；通过计算其在轨道上的寿命来提供有关大气密度的信息；测试轨道跟踪的无线电和光学方法；确定无线电波通过大气传播的影响；检查卫星上使用的加压原理。

Dnestr 雷达：Dnestr 雷达是苏联在 1960 年开始部署的重要地基雷达系统之一，用于监测弹道导弹发射和轨迹。该系统部署在苏联境内多个地点，具备强大的远程探测能力，可以跟踪高速飞行的弹道导弹目标。Dnestr 雷达的成功应用增强了苏联对潜在威胁的预警能力，对当时的国际军事格局产生了一定的影响，为冷战时期的军事对抗提供了关键技术支持。

Okno 系统：该系统始建于 1979 年，位于塔吉克斯坦境内海拔 2216m 的桑格洛克山上，非常适合光学装备探测跟踪空间目标。整套系统由 10 部光电望远镜构成，按照口径可分为短距、普通和远距望远镜，可探测低轨、中轨和地球静止轨道目标。2015 年，俄罗斯将该系统升级为 Okno-M 系统，使其在探测跟踪能力、数据处理能力、目标识别能力、通信能力等方面都得到了较大的提高。Okno-M 系统能探测距离地面 2000～40000km 的航天器和自然天体，确定其坐标方位和轨道参数，识别性质、用途和国籍，并获取光学图像。

2. 技术提升期

1) 美国

KH-11 Kennen：美国首个使用电子成像技术的侦察卫星，1976 年由美国国家侦察局(National Reconnaissance Office，NRO)发射。这种卫星配备了高分辨率的光学相机，并且首次使用电荷耦合器件(charge coupled device，CCD)进行图像捕捉和传输。与之前的胶片返回系统不同，KH-11 能够实时传输图像，大大提高了情报收集的效率和即时性。这一技术突破不仅提升了美国对全球范围内目标的监控能力，也为未来的卫星成像技术奠定了基础。

DSP 探测系统：美国用于导弹预警的红外探测系统，于 1970 年首次发射。DSP 卫星配备红外传感器，能够探测到弹道导弹发射时产生的红外辐射，并且提供早期预警。DSP探测系统在冷战期间发挥了重要作用，能够及时发现苏联和其他国家的导弹发射活动。

DSP 探测系统的成功应用证明了红外探测在导弹预警中的巨大潜力。

PARCS 雷达系统：美国 1975 年部署的地基相控阵雷达系统，位于北达科他州，是为反弹道导弹防御系统设计的一部分。PARCS 雷达能够探测和跟踪从北极方向进入的弹道导弹，具有高灵敏度和广覆盖范围。它能够实时监测大量空间目标，并提供精确的轨道数据，为导弹防御和空间监视提供了强有力的支持。

2) 苏联

Kosmos 系列卫星：苏联在 20 世纪 70~80 年代发射的多用途卫星，涵盖地球观测、科学研究、军事侦察等多个领域。这些卫星使用了光学成像、红外探测等多种技术，极大地增强了苏联在空间目标探测和监测方面的能力。Kosmos 系列卫星展示了苏联在多种探测手段上的技术进步，并且在冷战期间的全球战略情报收集任务中发挥了重要作用。

Daryal 雷达系统：苏联在 20 世纪 80 年代开发的新一代远程双基地预警雷达系统，它由两个独立的大型有源相控阵天线组成，相距约 1km。发射器阵列的尺寸为 30m×40m，接收器尺寸为 80m×80m。Daryal 雷达部署在苏联的多个边境地区，具有更高的探测距离和更强的目标识别能力，能够实时跟踪数百个高速移动的目标，包括弹道导弹和卫星。它的高分辨率和强大的数据处理能力，使其成为苏联反导防御和空间监视的重要组成部分。

3. 现代化发展

1) 美国

天基红外系统(SBIRS)：继 DSP 探测系统之后的新一代空间红外预警系统，具有更高分辨率和更快反应时间的导弹预警能力。SBIRS 由高轨道和低轨道的卫星组成，具备多频谱红外探测能力，能够精确监测和跟踪弹道导弹的发射及飞行轨迹。相比于 DSP 探测系统，SBIRS 具有更高的灵敏度和更广的覆盖范围，能够探测低热信号目标，如短程导弹和战术导弹。SBIRS 在冷战结束后的安全秩序构建中发挥了关键作用，为美国及其盟友提供了可靠的早期预警和防御支持。

哈勃空间望远镜：哈勃空间望远镜是一架太空望远镜，于 1990 年由美国国家航空航天局(National Aeronautics and Space Administration，NASA)发射，虽然其主要任务是天文观测，但其高分辨率成像能力也为空间目标探测提供宝贵的数据支持。哈勃空间望远镜配备了多种科学仪器，包括广域和行星相机、空间望远镜成像光谱仪等，能够在可见光、紫外和红外波段进行观测，其观测成果极大地推进了人类对宇宙的认识，同时也展示了空间望远镜在高精度成像和空间目标探测中的巨大潜力。

PAVE PAWS 雷达：美国于 20 世纪 80~90 年代部署的一系列地基相控阵雷达，主要用于探测和跟踪弹道导弹和卫星。PAVE PAWS 雷达系统具有广泛的探测范围和高精度的目标识别能力，能够实时监测大量空间目标，并提供精确的轨道数据。该系统在冷战期间及之后的几十年中发挥了重要作用，成为美国战略防御和空间监视体系的重要组成部分。

2) 俄罗斯

Oko 系统：苏联在冷战期间开发和部署的早期天基红外预警卫星系统，专门用于探测和监测敌方弹道导弹的发射。Oko 系统的主要任务是通过红外传感器检测导弹发射产生的热信号，并及时向苏联指挥中心提供预警信息，从而使苏联能够在核攻击的早期阶段采取防御措施。Oko 系统在 20 世纪 70 年代后期开始部署，最早的卫星于 1972 年发射。该系统是苏联战略防御体系的重要组成部分，后来成为俄罗斯预警系统的基础。

Voronezh 雷达系统：俄罗斯新一代地基雷达系统，具有更高的探测距离和目标识别能力。与之前的 Daryal 雷达系统相比，Voronezh 雷达系统采用了模块化设计，具有更高的灵敏度和更低的运行成本。Voronezh 雷达家族主要由米波的"Voronezh-M"和"Voronezh-VP"、分米波的"Voronezh-DM"、厘米波的"Voronezh-SM"等组成，其中分米波雷达探测距离最远超过 6000km，探测高度为 8000km。该系统能够实时跟踪数百个高速移动的目标，包括弹道导弹和卫星，为俄罗斯的空间监视和战略防御提供了现代化的技术支持。

3) 欧洲

Helios：欧洲的军事光学侦察系统，包括空间和地面部分，于 1995 年开始服务，由法国、意大利和西班牙等政府联合资助。法国主导的 Helios 卫星是欧洲早期的军用侦察卫星，采用了高分辨率的光学成像技术。Helios 卫星的成功发射标志着欧洲在独立开发空间侦察技术方面取得了重大进展，为欧洲国家提供了重要的战略情报支持。

Graves：法国开发的空间监视雷达系统，于 2005 年开始运行。该系统主要用于跟踪低地球轨道的空间目标，具有高精度的目标识别和轨道确定能力。Graves 雷达的成功运行提升了欧洲的空间态势感知能力，为欧洲的空间监视和防御提供了重要支持。

4. 21 世纪以来的技术发展

1) 美国

NROL-39 卫星：由 NRO 于 2013 年发射的高分辨率成像卫星，采用了先进的光学和雷达成像技术，为地球和空间目标监测提供了更高精度的数据。该卫星展示了美国在综合成像和数据处理技术上的领先地位，为全球空间监视提供了强有力的支持。

GEOINT：全球综合地理空间情报项目，整合了多种探测手段，包括光学、红外和雷达，提升了对全球空间目标的监测能力。地理空间情报(geospatial intelligence，GEOINT)是通过利用和分析具有地理空间信息的图像、信号或特征而获得的关于地球上人类活动的情报。GEOINT 描述、评估和可视化地描绘地球上的物理特征和地理参考活动。

Space Fence：美国为提高太空态势感知能力建设的先进地基雷达系统。第一代 Space Fence 于 1961 年建造，最初由美国海军使用，2004 年移交给美国空军第 20 空间控制中队，并着手开展第二代性能更强的 S 波段陆基雷达系统部署。Space Fence 能够探测和跟踪直径小至几厘米的空间碎片和其他目标，其高精度和高灵敏度显著提升了美国对低地球轨道空间环境的态势感知能力。

2) 俄罗斯

Liana 系统：俄罗斯的电子侦察和监视系统。Liana 系统包括两种卫星：Lotos-S 和 Pion-NKS。Lotos-S 主要用于电子信号情报收集，Pion-NKS 具备海上监视能力，能够跟踪海洋中的船只和其他目标。Liana 系统的部署提升了俄罗斯在电子侦察和空间监视方面的能力。

Tundra 系统：俄罗斯新一代的早期预警卫星系统，用于探测和跟踪弹道导弹发射。与 Oko-1 系统相比，Tundra 系统具有更高的分辨率和多频谱红外探测能力，能够更精确地识别导弹发射和飞行轨迹。此外，Tundra 系统还配备了通信中继功能，可以实时传输预警数据到地面指挥中心，增强了反应速度和情报传递的可靠性。

Krona 系统：俄罗斯的一种地基天文雷达系统，专门用于探测和跟踪高轨道卫星和其他空间物体。Krona 系统结合了光学望远镜和雷达技术，能够在光学和雷达波段同时进行观测。这种多模式探测能力使 Krona 系统具有高精度的目标识别和轨道确定能力，特别是在静止轨道和其他高轨道区域，显著提升了俄罗斯的空间态势感知能力。

3) 中国

"慧眼"硬 X 射线调制望远镜(Hard X-ray Modulation Telescope，HXMT)：中国首个空间 X 射线天文望远镜，于 2017 年发射，旨在探测宇宙中高能天体的 X 射线辐射。通过搭载的高能、中能和低能 X 射线探测器，"慧眼"能够观测宇宙中的黑洞、中子星、伽马射线暴等高能天体和现象。创新的调制成像技术使其在硬 X 射线波段具有高灵敏度和宽视场，能够精确定位和分析高能宇宙事件，极大地推动了人类对宇宙中极端物理过程和高能天体物理现象的理解。

天琴计划(Tianqin Program)：中国空间引力波探测计划，旨在通过空间探测器的编队飞行，捕捉和研究宇宙中的低频引力波。该计划包括发射三颗卫星，形成一个等边三角形的卫星阵列，绕地飞行，通过激光干涉仪技术测量卫星间的微小距离变化，以探测由双黑洞合并、中子星合并等宇宙剧烈事件引发的引力波。天琴计划的目标是开拓引力波天文学的新领域，为人类探索宇宙中的极端物理现象提供新的探测手段和科学数据。

爱因斯坦探针(Einstein Probe，EP)卫星：中国发射的空间 X 射线天文卫星，专注于探测宇宙中的瞬态和可变 X 射线源，特别是超新星、伽马射线暴、黑洞和中子星的爆发等高能天体事件。通过其广域 X 射线成像监视器和高精度的 X 射线望远镜，爱因斯坦探针卫星能快速发现并定位这些剧烈的宇宙现象，提供高时间分辨率的观测数据，有助于研究引力波事件和黑洞物理等前沿天文学问题，为理解宇宙的极端物理过程提供新的观测手段和科学数据。

羲和号(Xihe)卫星：中国首颗太阳探测科学技术试验卫星，于 2021 年 10 月发射，专注于研究太阳的光球层和色球层以及太阳活动对地球的影响。羲和号卫星搭载了高精度的太阳 Hα 波段成像光谱仪，能够捕捉到太阳活动的细节，如日珥、耀斑和日冕物质抛射等。通过在轨观测，羲和号卫星收集了大量关于太阳爆发活动的高分辨率数据，有助于提升对太阳物理过程的理解，改进空间天气预报能力，并为未来的太阳探测任务提供技术验证和经验。

4) 欧洲

Copernicus Programme：由欧洲委员会和欧洲太空总署联合倡议，于 2003 年正式启动的一项重大航天发展计划，主要目标是通过对欧洲及非欧洲国家(第三方)现有和未来发射的卫星数据及现场观测数据进行协调管理和集成，实现环境与安全的实时动态监测，为决策者提供数据，以帮助他们制定环境法案，保证欧洲的可持续发展和提升国际竞争力。

GESTRA 系统：德国开发的空间监视雷达系统，专注于跟踪低地球轨道的空间目标。GESTRA 系统具有高精度的目标识别和轨道确定能力，提升了欧洲的空间监视能力，为欧洲的空间安全和战略防御提供了现代化的技术支持。

5) 全球合作

国际空间站(International Space Station，ISS)：一个大型空间站，由六个空间机构及其承包商，即 NASA、俄罗斯联邦航天局、日本宇宙航空研究开发机构(Japan Aerospace Exploration Agency，JAXA)、欧洲航天局(European Space Agency，ESA)、加拿大航天局(Canadian Space Agency，CSA)和巴西航天局(Brazilian Space Agency，AEB)合作在近地轨道组装和维护。国际空间站是有史以来建造的最大的空间站，主要目的是进行微重力和空间环境实验。通过多种探测手段进行空间环境监测和科学实验，推动了全球空间探测技术的进步。

詹姆斯·韦布空间望远镜(JWST)：由 NASA、ESA 和 CSA 合作开发的新一代空间望远镜。JWST 将接替哈勃空间望远镜，具有更高的分辨率和灵敏度，特别是在红外波段的观测能力上。JWST 的科学目标包括探索早期宇宙、星系形成和演化、恒星和行星系统的形成，以及寻找适宜居住的行星。

5. 小结

从历史发展看，空间目标探测技术经历了从光学成像到电子成像，从单一探测手段到多种探测手段结合的演变。早期的探测系统主要依赖光学成像，通过胶片返回地球获取图像。随着电子技术的发展，电子成像逐渐取代传统光学成像，提高了数据传输和处理效率。

红外探测技术的引入，特别是在导弹预警系统中的应用，提高了对高温目标的监测能力。雷达成像技术的应用，进一步增强了全天候、全天时的监测能力。多目标识别和精确测轨能力的发展，使得空间目标探测系统能够在高密度目标环境下高效工作。

进入 21 世纪，全球合作和综合探测系统的发展，如国际空间站和 Copernicus Programme，代表了航天探测技术的综合应用和全球统一协作的趋势。这些系统不仅提升了各个国家的空间探测能力，同时促进了全球对空间环境的整体认识和应对能力。

1.2.2　空间目标探测技术

1. 地基探测

地基探测技术是利用地面上的设备和设施对空间目标进行监测和分析。地基探测技术的研究和发展主要集中在以下几个领域。

1) 雷达系统

相控阵雷达通过电子扫描技术，可以快速改变波束方向，实现大范围的目标监测。传统机械扫描雷达依赖天线物理旋转来改变波束方向，而相控阵雷达则通过调整天线阵列中各单元的相位，电子式地改变波束方向，极大地提高了雷达的反应速度和灵活性。利用相控阵技术，雷达能够在毫秒级时间内调整波束方向，实现多目标快速跟踪。

现代相控阵雷达系统可以同时执行多种任务，如监测、跟踪和通信等，提升了系统的综合效能。新一代相控阵雷达系统采用模块化设计，便于维护和升级。例如，美国的 AN/SPY-1 雷达系统和俄罗斯的 Voronezh 雷达系统都采用了这种设计，提高了系统的可扩展性和灵活性。

合成孔径雷达(synthetic aperture radar，SAR)通过移动平台上的天线发射微波信号，接收回波信号后进行处理，生成高分辨率图像。SAR 技术能够在各种天气条件下全天候工作，并穿透云层和植被，获取地表结构和变化信息。现代 SAR 系统通过更先进的信号处理算法和硬件改进，实现了更高的图像分辨率。例如，德国的 TerraSAR-X 卫星和加拿大的 RADARSAT-2 卫星都具备高分辨率成像能力。通过使用两次或多次 SAR 观测数据，可以生成地表高度变化图，应用于地震监测、地质调查和城市地面沉降监测。利用不同的极化方式(如水平极化和垂直极化)获取目标物体的不同特征信息，提升了目标识别和分类能力。

多基地雷达系统由一个发射站和多个接收站组成，接收站分布在不同位置，通过接收同一目标的多次反射信号，提高目标检测和跟踪精度。通过多个接收站的空间分集接收，提高了雷达的抗干扰能力和目标识别精度。多基地雷达系统的接收站可以被动接收信号，降低了系统被发现和干扰的风险。多基地雷达能够覆盖更大的区域，提高了对低轨道和高轨道目标的监测能力。例如，欧洲空间监视和跟踪(space surveillance and tracking，SST)项目，整合多国多基地雷达系统，实现对欧洲及周边空间环境的全面监测。

远程相控阵雷达系统专门用于监测和跟踪远距离的高空目标，包括中远程弹道导弹和卫星。该系统结合了相控阵雷达和远程探测能力，提升了空间目标监测的覆盖范围和精度。采用高功率发射器，增强了雷达信号的传输距离和探测深度。利用先进的信号处理技术，实现了高分辨率目标成像和轨迹确定，增强了雷达系统的实时数据处理能力，提高了对高速移动目标的跟踪和识别效率。例如，俄罗斯的 Voronezh-M 雷达和 Voronezh-DM 雷达，采用模块化设计，能够实时跟踪中远程弹道导弹和卫星，提高了俄罗斯的战略预警和防御能力。

量子雷达系统利用量子力学原理，通过纠缠光子对目标进行探测，具有抗干扰能力强、探测灵敏度高的特点。量子雷达技术虽然处于早期研究阶段，但展现出了广阔的应用前景。利用量子纠缠特性，量子雷达系统能够在复杂环境中实现高精度探测。量子雷达系统对传统电子干扰具有天然的抗干扰能力，提升了探测的可靠性。量子雷达系统功耗低，适用于长时间持续监测任务，目前主要在科研机构和实验室进行原型系统的开发和测试，为未来实用化奠定基础。

这些技术的发展和应用不仅提高了地基雷达系统的探测精度和灵敏度，还扩大了其应用范围，为空间目标的全面监测和预警提供了有力支持。

2) 光学和红外望远镜

大口径望远镜：现代光学望远镜的发展趋势之一是增大镜面的直径，以提高光收集能力和分辨率。例如，位于夏威夷的凯克天文台拥有两个 10m 口径的望远镜，是世界上最大的光学望远镜之一。智利在建的欧洲极大望远镜拥有 39m 的主镜，是目前世界最大的光学望远镜项目。为了制造超大口径的主镜，可采用拼接技术将多个小镜片拼接成一个整体。例如，凯克望远镜的主镜由 36 个六边形镜片拼接而成。使用轻量化的材料和结构设计，如碳化硅和蜂窝结构镜面，能够减少镜面的重量，同时保持高刚性和稳定性。

自适应光学(adaptive optics，AO)系统是现代光学望远镜的一个重要技术突破，用于校正大气湍流引起的图像模糊。自适应光学系统通过实时监测大气波前畸变，并使用可变形镜进行校正，使图像恢复清晰。快速波前传感器用于实时检测大气波前畸变，现代波前传感器能够以每秒数千次的频率进行测量和反馈。高性能可变形镜配备数百到数千个致动器(驱动单元)，可以迅速调整镜面形状，实时校正大气扰动。

多物镜望远镜系统通过同时使用多个望远镜，扩大观测视野和光收集能力。智利的甚大望远镜(VLT)由四个 8.2m 口径的单元望远镜组成，能够独立工作，也可以联合成干涉阵列，提高分辨率和观测能力。

现代光学望远镜配备了高精度光纤光谱仪，能够将望远镜收集到的光分解为各个波长，进行详细的光谱分析。例如，位于夏威夷的凯克望远镜配备的高分辨率光谱仪(HIRES)，能够以极高的分辨率进行光谱分析，适用于研究恒星、行星和星系。智利的 VLT 配备的多单元光谱探测器(MUSE)，能够同时对视野内的多个天体进行光谱观测，大大提高了观测效率。

红外望远镜的核心技术之一是高灵敏度红外探测器，能够捕捉微弱的红外信号。碲镉汞(HgCdTe)探测器广泛应用于红外望远镜，具有高灵敏度和低噪声特性，适用于近红外和中红外波段。超导体探测器具有极高的探测灵敏度，适用于亚毫米波段和远红外波段。

通过不断的技术创新和国际合作，地基光学和红外望远镜在空间探测中的作用将继续提升，为人类探索宇宙提供更加精准和广泛的观测数据。

3) 射电望远镜

甚长基线干涉测量(very long baseline interferometry，VLBI)是一种通过将多个射电望远镜分布在全球各地，同时观测同一射电源，并通过数据处理形成一台巨型望远镜的方法。VLBI 技术的发展提高了射电望远镜的分辨率和灵敏度。事件视界望远镜(EHT)项目结合了全球多个射电望远镜，通过 VLBI 技术实现了前所未有的高分辨率，成功拍摄到了黑洞阴影的图像。这一突破标志着射电天文观测进入了超高分辨率时代。近年来，亚毫米波段的 VLBI 技术取得了进展，使得科学家能够在更短波长上进行高分辨率观测，进一步提升了对致密天体和活动星系核的研究能力。

射电干涉仪阵列由多个射电望远镜组成，通过相干组合来自不同天线的信号，提高了观测分辨率和灵敏度。位于智利的阿塔卡马大型毫米波/亚毫米波阵列(ALMA)是目前世界上最先进的毫米波和亚毫米波射电望远镜阵列，具备极高的灵敏度和分辨率。ALMA 的高分辨率图像揭示了恒星形成区、行星盘和星系的细节，推动了天文学研究的发展。平方公里阵列射电望远镜(SKA)是一个正在建设中的国际射电天文项目，旨在建造世界上最大的射电望远镜阵列。SKA 将分布在澳大利亚和南非，拥有前所未有的灵敏度和覆盖范围，预期将为宇宙结构、暗物质、暗能量和生命起源等基础问题提供重要数据。

现代射电望远镜产生的数据量巨大，要求具有高效的数字信号处理技术和大数据分析技术。现代射电望远镜使用高性能计算和先进的算法实时处理和存储观测数据。例如，

EHT 项目利用分布式计算和大规模数据存储技术处理数百太字节的数据，成功重建黑洞图像。机器学习算法在射电天文数据分析中应用广泛，用于识别脉冲星、分析射电图像和发现新的天文现象。人工智能提高了数据处理效率和观测精度，推动了射电天文研究的发展。

现代射电望远镜天线设计注重高增益、低噪声和宽带接收。新型天线采用自适应光学和成型反射面技术，减少了结构变形对观测的影响，提高了接收性能。超导接收器技术显著降低了系统噪声，提高了射电望远镜的灵敏度，特别是在低温环境下，超导接收器性能更为突出。

现代射电望远镜注重多波段和宽带接收，覆盖从厘米波到毫米波和亚毫米波的广泛频段。通过宽频带接收技术，望远镜能够在不同波段上进行高分辨率观测，获取更丰富的天文信息。例如，ALMA 覆盖的波段从 84 GHz 到 950 GHz，使其能够探测到冷星际介质和早期宇宙中的尘埃发射。

4) 激光测距系统

激光测距系统通过向目标发射激光脉冲，然后测量从目标反射回来的激光脉冲的飞行时间，利用光速计算出目标的距离。这种技术被广泛应用于卫星激光测距、月球激光测距、空间碎片监测和地球科学研究等领域。

激光源和探测器的发展：现代激光测距系统使用高功率、窄脉冲激光器，通常是掺钕钇铝石榴石(Nd：YAG)激光器，发射波长为 1064 nm 和 532 nm。这些激光器具有高重复频率和稳定的输出功率，能够产生高能量、窄脉宽的激光脉冲，显著提高了测距精度和探测范围。现代激光测距系统使用高灵敏度光电倍增管和雪崩光电二极管作为探测器，能够检测到极弱的反射信号。雪崩光电二极管具有更高的增益和更快的响应时间，显著提升了系统的信号检测能力和测距精度。

精密时间测量技术的发展：光测距系统的精确性高度依赖于时间测量的精度。现代系统采用原子钟(如铯原子钟和铷原子钟)进行时间同步，确保激光发射和接收的时间标记精度达到纳秒级甚至皮秒级。此外，使用时间-间隔计数器来精确测量激光脉冲的飞行时间，进一步提高测距精度。为了确保全球各地激光测距站点的时间同步，采用全球导航卫星系统(GNSS)和光纤时间传递技术，实现了高精度时间传递和同步。这种技术进步提高了多站点联合测距的精度和一致性。

2. 天基探测

1) 光学成像卫星

光学成像卫星通过在轨道上携带高分辨率的相机和望远镜系统，捕捉地球表面和空间目标的图像。成像过程包括光学收集、图像传感、数据处理和传输。光学成像卫星通常在可见光、近红外和短波红外波段工作，以捕捉不同类型的目标特征。

现代光学成像卫星在空间分辨率方面取得了重大突破。例如，美国的 WorldView-3 卫星在地面分辨率达到 0.31m，能够捕捉到地面上非常细小的物体。这种高分辨率成像技术得益于先进的光学设计、大口径望远镜和高性能图像传感器。通过计算摄影和图像处理技术，超分辨率成像技术可以将多幅低分辨率图像合成为一幅高分辨率图像，进一步提高了成像清晰度。其中算法包括分辨率增强、图像拼接和细节恢复等。

多光谱成像卫星能够在多个光谱波段(通常是 3～10 个)进行观测,如 Landsat 8 卫星,能够在可见光、近红外和短波红外波段捕捉图像。这种卫星可以获取地表物质的光谱特征信息,用于资源勘探、农业监测和生态环境评估。超光谱成像技术将光谱波段数提高到数百甚至数千个,能够捕捉更加细致的光谱信息。例如,欧洲的 EnMAP 卫星和美国的 HyspIRI 计划,通过精细的光谱分辨率实现了更精准的地物分类和化学成分分析。

现代光学成像卫星采用大视场望远镜和快速扫描技术,实现对大面积区域的快速成像。例如,Sentinel-2 卫星能够每 5 天覆盖全球一次,提供高频次的观测数据,支持灾害监测、农业管理和环境保护。通过部署多颗卫星组成星座,如 Planet 公司的 Dove 卫星星座,可以实现全球的高频次观测。星座系统具有连续监测和快速响应的能力,适应动态变化的监测需求。

2) 红外探测卫星

红外探测卫星利用红外传感器捕捉来自地球表面、大气层或宇宙空间的红外辐射,通过这些辐射数据可以探测目标的热特征。红外探测具有穿透云层、昼夜成像和识别温度差异的能力,适用于多种应用场景。

现代红外探测卫星配备了多光谱和超光谱红外传感器,能够在多个红外波段进行观测。这些传感器可以获取目标的详细光谱信息,分辨不同物质的热特性。多光谱和超光谱成像技术显著提高了目标识别和分类的能力。使用高灵敏度的红外探测器,如 HgCdTe 探测器和量子阱红外光电导体,提高了红外成像的精度和灵敏度。

红外探测器需要在低温下工作以降低噪声,提高灵敏度。现代红外探测卫星使用先进的制冷技术,如斯特林制冷器和脉管制冷器,能够实现长时间、稳定的低温工作。这些制冷技术的进步提高了红外探测器的性能和可靠性。一些新型红外探测卫星采用被动冷却技术,利用卫星在太空中的自然冷却环境,实现无需制冷剂的低温工作。这种技术减少了卫星的维护需求和运行成本,提高了系统的稳定性和寿命。

SBIRS 是美国的新一代红外早期预警系统,旨在提供更高分辨率和更快反应时间的导弹预警能力。SBIRS 由高轨道和低轨道的卫星组成,具备多频谱红外探测能力,能够精确监测和跟踪弹道导弹的发射和飞行轨迹。SBIRS 在冷战结束后的安全秩序建构中发挥了关键作用,为美国及其盟友提供了可靠的早期预警和防御支持。Tundra 系统是俄罗斯最新一代的早期预警卫星系统,采用了先进的红外传感器和多频谱红外探测技术,能够更精确地识别导弹发射和飞行轨迹。Tundra 系统还配备了通信中继功能,可以实时传输预警数据到地面指挥中心,增强了反应速度和情报传递的可靠性。Tundra 系统的部署显著提高了俄罗斯的战略预警和防御能力。中国的风云系列气象卫星(FY-3 和 FY-4)配备了多光谱红外探测器,能够在多个红外波段进行观测,提供高精度的气象和环境数据。FY 系列气象卫星的成功运行提升了中国在气象预报和环境监测方面的能力,为全球气候研究提供了重要数据支持。

3) 雷达成像卫星

雷达成像卫星,特别是 SAR 卫星,是现代天基探测技术的重要组成部分。雷达成像卫星通过发射微波信号并接收其反射波来生成地表图像,具有全天候、全天时、穿透云层和植被等优点。

SAR 技术通过卫星在轨道上的运动，模拟一个大口径天线，从而实现高分辨率成像。现代 SAR 系统能够实现米级甚至亚米级的分辨率。例如，德国的 TerraSAR-X 卫星和 TanDEM-X 卫星，分辨率高达 1m，为地表细节观测提供了极高精度的数据。多极化 SAR(如欧洲的 Sentinel-1 卫星)可以发射和接收不同极化状态的微波信号(如水平–水平、水平–垂直)，从而获取目标的多维信息。这种技术提高了地物分类的精度，有助于识别和区分不同类型的地表覆盖物，如植被、水体和人工结构。

干涉雷达技术通过卫星两次或多次过境同一地区，测量地表的相对高度变化。它广泛应用于地震监测、火山活动研究、冰川运动和地表沉降研究等领域。例如，Sentinel-1 卫星和 ALOS-2 卫星采用了合成孔径雷达干涉(InSAR)技术，显著提高了对地表动态变化的监测能力。德国的 TanDEM-X 卫星和 TerraSAR-X 卫星组成的双卫星编队，是典型的双卫星干涉雷达系统，能够生成全球高精度数字高程模型(digital elevation model，DEM)，用于地形测绘和环境监测。

全息雷达技术结合了传统 SAR 技术和干涉 SAR 技术的优点，能够在一次观测中获取目标的多维信息。通过综合多次观测数据，形成三维成像，提高了对复杂地表结构的观测能力。现代雷达成像卫星，如意大利的 COSMO-SkyMed 卫星和加拿大的 RADARSAT-2 卫星，通过多视角成像和多次观测数据融合，实现了三维地形图的生成，为地质研究和灾害监测提供了更加详细的信息。

4) 综合科学探测器

综合科学探测器是天基探测中的重要组成部分，具备多种观测手段和科学仪器，能够执行广泛的科学任务。

哈勃空间望远镜是最著名的天文观测卫星之一，由 NASA 和 ESA 合作发射。其配备了广域和行星相机、空间望远镜成像光谱仪等多种科学仪器，能够在可见光、紫外和近红外波段进行高分辨率观测。哈勃空间望远镜采用了自适应光学技术，可以调整镜面形状，消除由大气扰动引起的图像模糊，获得清晰的天体图像。

JWST 是哈勃空间望远镜的继任者，由 NASA、ESA 和 CSA 合作开发，配备了先进的红外探测器和成像设备，能够在近红外到中红外波段进行观测。JWST 采用了由 18 个六边形镜片组成的可折叠主镜，总直径为 6.5m，显著提高了观测灵敏度和分辨率。JWST 的探测器能够进行远红外观测，适用于研究宇宙的早期阶段、星系形成和演化、恒星和行星系统的形成等。

钱德拉 X 射线天文台是由 NASA 于 1999 年发射的 X 射线天文卫星，专门用于观测高能天体，如黑洞、中子星和超新星遗迹。其揭示了黑洞和中子星周围的极端环境，观测到超新星爆发后的演化，研究星际介质的加热和金属元素的分布，提供了星系团的详细结构信息，帮助人类理解暗物质的分布和宇宙大规模结构的形成。

盖亚任务是由 ESA 主导的空间天文台，2013 年发射，绘制了迄今为止最详细的银河系三维地图，提供了超过十亿颗恒星的精确位置和运动数据，研究恒星的形成和演化，分析恒星的年龄和金属含量分布，发现并研究了大量的星团和星系，揭示了银河系的动态结构和历史。

1.3 空间目标探测发展趋势

1.3.1 当前技术趋势分析

1. 多传感器融合与综合监测

现代空间目标探测系统越来越多地采用多传感器融合技术，包括光学、红外、雷达和射电传感器等。通过综合利用不同类型传感器的数据，可以提高探测的准确性、可靠性和覆盖范围。例如，光学传感器提供高分辨率图像，红外传感器探测热辐射，雷达系统可全天候工作，射电传感器能进行远程目标监测。综合监测系统整合了地基和天基探测手段，形成全球范围内的监测网络。这些系统通过实时数据共享和联合分析，能够更有效地监测和跟踪空间目标，提供全面的态势感知。

2. 人工智能与大数据分析

人工智能(artificial intelligence，AI)技术在空间目标探测中的应用日益广泛，包括目标识别、轨道预测、态势分析和故障诊断等。例如，机器学习算法能够自动分析大量观测数据，识别潜在威胁并预测目标轨迹，从而提高探测效率和准确性。随着探测数据量的爆炸式增长，大数据分析技术变得至关重要。先进的数据处理和分析工具能处理和解析不同传感器的数据，提取有价值的信息，支持决策和行动。大数据分析技术还能够识别异常行为和模式，提供早期预警等。

3. 自主化与智能化

现代航天探测系统正向高度自主化和智能化方向发展。自主化探测器和卫星能够在没有人为干预的情况下，自主完成任务，包括目标探测、数据采集、故障处理和轨道调整等。相关技术显著提高了系统的响应速度和运行效率。智能控制系统利用 AI 技术，能够动态调整探测策略和参数，以快速适应变化的空间环境和任务需求。

4. 小型卫星与卫星星座系统

小型卫星和微型卫星以其低成本、快速部署和灵活性，成为空间探测的重要工具。小型卫星可以携带先进的探测器，执行特定任务，如空间碎片监测、环境监测和科学研究等。卫星星座系统由大量小型卫星组成，通过协同工作，实现全球覆盖和高频次观测。卫星星座系统能够提供持续的监测服务，特别适用于地球观测、气象监测和通信导航等领域。例如，SpaceX 的星链和 OneWeb 的卫星星座系统正在构建全球互联网服务网络，同时也具备空间监测能力。

5. 高分辨率与多光谱成像

随着成像技术的进步，空间探测系统能够获得更高分辨率的图像，提供更多细节信息。高分辨率成像技术在军事侦察、城市规划、环境保护和资源勘探等领域具有重要应用。多光谱和超光谱成像技术能够在多个光谱波段进行观测，提供丰富的光谱信息，有助于物质识别和分类。这些技术在农业监测、矿产勘探、环境监控和气候研究中发挥重要作用。

6. 全球导航卫星系统增强

全球导航卫星系统(如 GPS、GLONASS、伽利略导航卫星系统和北斗导航卫星系统)的精度和可靠性不断提升。GNSS 增强系统通过差分定位、精密单点定位和实时动态定位等技术，提供更高精度的位置信息，支持精确轨道测量和空间目标监测。多 GNSS 融合技术综合利用来自不同导航卫星系统的信号，提升定位精度、可用性和抗干扰能力，适用于高动态环境下的空间目标探测。

7. 国际合作与数据共享

国际合作在空间探测中变得越来越重要。全球各国和机构通过合作，共享数据和技术，共同应对空间安全和环境保护的挑战。例如，国际激光测距服务和全球空间监视网络促进了全球范围内的协同监测和数据共享。开放数据平台提供了来自不同探测系统和机构的观测数据，支持科研和应用。开放数据促进了科学研究的透明度和协作，有助于提升空间探测的整体水平。

1.3.2　未来技术发展方向与挑战

1. 新型探测器与传感器开发

利用量子力学原理，开发超高精度的量子陀螺仪、量子加速度计和量子磁强计，应用于精确姿态和轨道测量。开发高灵敏度太赫兹传感器，实现对空间目标的精细成像和物质成分分析，适用于检测隐蔽目标和材料识别。开发超灵敏度光子探测器，提升在极低光照条件下的探测能力，适用于深空探测和暗弱天体观测。量子探测器和太赫兹成像技术目前尚处于研发阶段，需要克服一系列技术难题，提升其稳定性和可靠性。新型探测器的研发和制造成本高，需要在技术突破的同时，找到降低成本的方法，使其具备商业化应用的可行性。

2. 先进计算与数据处理

在空间探测器上集成边缘计算能力，实现数据的本地实时处理和分析，减少数据传输带宽需求，提高反应速度。利用量子计算的超强并行处理能力，解决复杂的轨道计算、模式识别和大数据分析问题，显著提升计算效率和准确性。进一步优化人工智能和机器学习算法，应用于实时数据处理、自动目标识别和动态决策支持。空间探测器的计算资源有限，需要开发高效的算法和硬件，以在有限的资源条件下完成复杂计算任务。在边缘计算和量子计算环境中，需确保数据的安全和隐私保护，防止敏感信息泄露和恶意攻击。

3. 超高分辨率成像与监测

开发大口径光学望远镜和先进成像技术，实现亚角秒级分辨率，适用于深空探测和高精度目标监测。利用毫米波段和太赫兹波段，开发高分辨率雷达成像系统，实现全天候、全天时的高精度空间目标探测。集成多光谱和超光谱成像技术，实现从紫外到远红外波段的全光谱观测，提供全面的物质成分和物理特性分析。超高分辨率和全光谱成像技术复杂，涉及多领域的技术集成和协调，需要跨学科合作攻克关键技术难题。超高分辨率和全光谱成像产生的数据量巨大，需要高效的数据处理、传输和存储解决方案。

4. 空间碎片清除与空间环境治理

多种主动清除技术，如激光推移、机器人捕捉和离轨拖曳，能够减少空间碎片对探测器和卫星的威胁。建立全球范围的高精度空间碎片监测网络，实现对所有空间碎片的实时跟踪和预警。制定国际合作政策和标准，规范空间活动，减少新空间碎片的产生，推动空间环境的可持续发展。主动清除技术的实际操作难度大，需克服微重力环境下的操作稳定性和能量效率问题。空间环境治理需要全球合作，制定统一的法规和标准，协调各国的利益和行动，推动有效实施。

5. 深空探测与未来星际航行

开发具有长寿命、高可靠性的深空探测器，使其具备自主探测和数据处理能力，执行太阳系边缘和星际空间探测任务。研究和应用核能推进技术，如核热推进和核电推进，实现高效、快速的星际航行。制定和实施行星保护措施，防止地球和其他星体的交叉污染，同时研究空间资源的开发和利用，为未来的深空探测和人类移民提供支持。深空探测和星际航行涉及多领域、多学科的技术突破，需克服长距离通信、深空导航、生命支持等关键技术难题。深空探测和资源利用需考虑伦理和法律问题，确保科学探索与人类社会的和谐发展。

习　　题

1.1　请简要概述空间探测的主要目的。

1.2　空间目标的分类有哪些? 列出主要分类方式及其含义。

1.3　地基探测与天基探测在技术应用上的区别是什么? 请进行对比分析。

1.4　列举空间目标探测技术的三种主要手段，并简要说明它们的工作原理。

1.5　航天探测技术未来发展的主要挑战有哪些? 如何应对这些挑战?

第 2 章

智能探测理论基础

空间目标探测是利用部署在不同空间位置的、基于不同原理的探测装置对空间目标基本参数的探测活动。根据探测设备在物理空间部署的位置分布，可分为天基探测和地基探测两种模式。空间目标探测理论基础涉及探测传感器基本原理与应用、数据采集与处理、不同探测方法的数学模型、目标识别等内容。智能空间目标探测是近年来快速发展的新方向，它是将人工智能、大数据、概率统计等新方法、新技术和空间目标探测传统方法及模式相融合产生的新方法、新理论。本章简单介绍了地基探测和天基探测模式的基本原理和探测类型，目标智能探测中的数据采集与处理、目标识别算法的基本原理等，以及目标预测算法、深度学习算法和时间序列预测算法等目标智能探测算法的基本原理。了解这些基础理论、技术和方法，对理解后面章节内容十分必要。

2.1　目标智能探测模型

2.1.1　探测传感器原理与应用

探测传感器是空间探测领域中的核心组成部分之一。基于不同原理的传感设备采集处理各类信号，为科学研究提供数据支持，对航天器进行导航与控制，评估太空环境对航天器的影响等。根据探测传感器的部署位置，目标探测可分为地基探测和天基探测两类。本小节主要介绍地基探测中的无线电探测和光电探测两种手段；天基探测中的可见光探测、红外探测和复合探测三种手段，如图 2-1 所示。

1. 地基探测模式

地基探测通过部署在地球表面的设备测量空间目标并获取相关信息。地基探测系统的信号需穿过大气层，因此会被衰减。在可接受的损耗范围内，通过雷达回波或反射光可获取空间目标的位置及其他参数。由于大气的吸收和散射，红外波段和紫外波段无法直接用于光电探测，而可见光尽管可用，但受天气限制。无线电探测主要

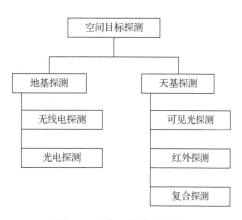

图 2-1　空间目标探测手段

包括机械跟踪雷达、相控阵雷达和电磁篱笆等形式。虽然部分无线电波能穿过大气层，但电离层造成的折射和散射会影响测量精度。相比天基探测，地基探测的优势在于便于长期连续监测和组网监测、技术成熟、建设和运行成本相对较低。

1) 地基无线电探测

地基无线电探测是一种通过地面站点利用无线电波对目标进行探测和监测的技术。其基本原理是发射和接收无线电信号以获取目标的位置信息、运动状态和其他参数。地基无线电主动探测系统主要由发射机、接收机、天线和信号处理单元等组成。发射机产生无线电信号，经天线发射到目标区域，目标反射或散射这些信号，接收机通过天线接收反射信号。信号处理单元处理和分析接收信号，通过测量时间延迟、多普勒频移和信号强度变化等参数，计算目标的距离、速度和方位。地基无线电探测可以连续、全天候进行探测，具有多目标探测和发现新空间碎片的能力，对低轨道目标尤其有效。

地基无线电雷达是常用的探测设备，主要用于监视、跟踪、分类和识别各类空间卫星、航天飞行器和战略弹道导弹，获取卫星和导弹的轨道与弹道数据。其功能包括高价值目标的实时信号特征检测；确定目标的形状、体积和轨道参数；支持航天飞行器运行和武器部署的精确探测和跟踪；实时监视和侦察飞行器、天基武器的状态变化并进行分类等。本小节对地基无线电雷达的原理进行简要介绍。

地基无线电雷达受气候影响较小，可用于空间目标观测的射频信号波长范围是 $1\,\mathrm{cm} \leqslant \lambda \leqslant 100\,\mathrm{cm}$，等效的频率范围是 $0.03\,\mathrm{GHz} \leqslant f \leqslant 30\,\mathrm{GHz}$，按照波长逐渐增大的趋势把射电窗分成多个波段，如表 2-1 所示。由于大气衰减和反射，波长更长的电磁波无法通过大气层；由于水分子和氧气分子的谐振，波长更短的电磁波在通过大气层时受到很大衰减，不能用于空间目标探测。

表 2-1　地基无线电雷达波段划分

波段	Ku	X	C	S	L	P	VHF
波长/cm	[1.67,2.5)	[2.5,3.75)	[3.75,7.5)	[7.5,15)	[15,30)	[30,100)	[100,300)

传统反射器天线和相控阵天线是常见的两种雷达天线。反射器天线通常在一定方位角和俯仰角范围内，在水平和垂直两个方向旋转伺服跟踪目标。雷达的喇叭馈源通过双曲反射器向抛物面天线馈电，定义发射天线的直径为 D_t，信号波长为 λ，则天线波束跨度 $\Theta_{3\mathrm{dB}}$ 和 λ 与 D_t 的关系为

$$\Theta_{3\mathrm{dB}} \approx \frac{70\lambda}{D_t}(°) \tag{2-1}$$

式中，$\Theta_{3\mathrm{dB}}$ 表示天线的 3dB 波束宽度。天线方向图上某个位置的信号幅度可以表示为

$$P = 10\lg\frac{P}{P_{\max}}(\mathrm{dB}) \tag{2-2}$$

通常雷达天线方向图的第一副瓣小于等于 $P_{\max}/100$，即第一副瓣比主瓣低 20 dB 以上。在接收模式下，喇叭馈源作为天线波束指向的控制器，保证多个输入具有相同的电平。

对于相控阵雷达，天线阵由大量的天线单元组成，可以把许多天线单元组合成子阵，最终得到合成方向图。通常相控阵天线的波束扫描范围是±60°，因此单一天线阵可以覆盖120°的空域，利用 3 个在圆周上均匀分布的天线阵就可以实现360°的覆盖。由于不需要机械旋转，相控阵雷达可以同时跟踪多个目标。

对于大部分雷达而言，无论是反射器雷达还是相控阵雷达，都可以测量双程信号传输延时 $\Delta t_{2\mathrm{w}} = t_{\mathrm{r}} - t_{\mathrm{e}}$（ t_{r} 和 t_{e} 分别是接收时间和发射时间）、最大增益指向上的方位角 A 和俯仰角 h、接收信号频率 f_{r} 和发射信号频率 f_{e} 之间的双程多普勒频移 $\Delta f_{2\mathrm{w}}$、接收信号功率 P_{r} 和雷达脉冲的极化信息。由双程信号传输延时可以得到目标到雷达的距离 ρ 为

$$\rho \approx \frac{1}{2} c \Delta t_{2\mathrm{w}} \tag{2-3}$$

式中，c 为光速。由双程多普勒频移可以确定目标的距离变化率 $\dot{\rho}$ 为

$$\dot{\rho} \approx -\frac{c \Delta f_{2\mathrm{w}}}{f_{\mathrm{e}}} \tag{2-4}$$

除距离、距离变化率和方位角之外，雷达回波还包含了目标的雷达截面积(radar cross-section，RCS)特性(RCS 的变化包含目标姿态的动态变化)，信号极化的变化则包含了目标外形的信息。目标的 RCS 特性取决于其材料特性、外形和方向，此外，它还与目标大小和雷达信号波长的比值 $r_{\lambda} = l_t / \lambda$ 有关。与光学测量系统的光强相似，以分贝平方米为单位的 RCS 可以表示为

$$A_{\mathrm{rcs}} = 10 \lg \frac{A_{\mathrm{rcs}}}{\mathrm{m}^2} (\mathrm{dBsm}) \tag{2-5}$$

当 $r_{\lambda} \geqslant 10$ 时，目标的电磁散射特性位于光学区，此时雷达信号在目标表面发生反射，类似于光的镜面反射；当 $0.5 \leqslant r_{\lambda} < 10$ 时，目标的电磁散射特性位于谐振区，此时入射雷达信号与目标各散射中心的回波发生干涉；当 $r_{\lambda} < 0.5$ 时，目标的电磁散射特性位于瑞利区，此时目标可以看成体目标。在光学区，目标 RCS A_{rcs} 与它的几何反射面积 A_t 具有相似的幅度，即 $A_{\mathrm{rcs}} / A_t \approx 1.0 =$ 常数。在瑞利区，随着目标尺寸的减小，RCS 快速减小，A_{rcs} 与 A_t 之间的关系为

$$A_{\mathrm{rcs}} / A_t \propto (l_t / \lambda)^4$$

此时，目标的检测概率也随之减小。由于在谐振区存在模糊，因此把测量得到的 RCS 转化为等效的几何反射面积时必须进行特殊处理。

与光学望远镜通过被动地观测目标的反射光相比，雷达通过主动照射目标然后对回波信号进行处理完成目标探测。雷达的接收信号功率 P_{r} 是发射信号功率 P_{e}、发射天线和接收天线的面积 A_{e} 和 A_{r}、发射信号波长 λ_{e}、目标到雷达的距离 ρ 与目标 RCS A_{rcs} 的函数，即

$$P_{\mathrm{r}} = \frac{P_{\mathrm{e}} A_{\mathrm{e}}}{\lambda_{\mathrm{e}}^2 \rho^2} \times \frac{A_{\mathrm{rcs}}}{4\pi \rho^2} \times A_{\mathrm{r}} \tag{2-6}$$

式中， A_e / λ_e^2 度量了发射天线的增益 G_e (定义为 $G_e = 4\pi A_e / \lambda_e^2$)。对于给定的目标距离和 RCS，接收信号的功率随着发射信号功率的增大而增大，随着发射天线和接收天线孔径的增大而增大，随着雷达信号波长的增大而减小。

2) 地基光电探测

地基光电探测是一种技术成熟的传统手段，基本原理是通过光学系统收集目标反射或自发的光信号，并利用电子器件检测和处理这些信号，从而获取目标的位置信息、运动状态和其他特征。其建设和运行成本相对较低，对距离较远的高轨道目标和地球同步轨道目标有明显优势。然而，地基光电探测的发现和搜索能力较弱，且受昼夜变化和恶劣天气的影响较大。

地基光电探测系统由光学系统、扫描器、探测器和制冷器、图像处理和分析四个子系统组成，各部分主要功能如表 2-2 所示，本小节对这四类子系统的设计方法将进行简要介绍。

表 2-2　地基光电探测系统组成

光电设备子系统	主要功能
光学系统	接收目标和背景的光辐射
扫描器	控制探测器视场移动，分解总视场，产生辐射强度输出
探测器和制冷器	将辐射转为电信号，生成像素决定的二维图像，支持低温工作
图像处理和分析	分析图像，提取目标的特征信息，用于进一步处理和应用

(1) 光学系统。

在地基光电探测系统设计中，为便于分析，把光学系统看成具有等效焦距、等效光瞳的单个元件，相对孔径、焦距和视场是主要考虑的三个要素。相对孔径为物镜 D 与焦距 f 之比，其倒数称为光学系统的 F 数。相对孔径的大小决定了光学系统的集光能力或像平面照度，即相对孔径越大，像平面照度越高。一般情况下，焦距的长短决定了光学系统垂轴放大率的大小，即焦距越长，垂轴放大率越大。因此，像高与焦距成正比，与物距成反比。

(2) 扫描器。

光束扫描实现了光路在空间上的选通功能。扫描器的功能是按顺序并完全分解图像，使探测器的瞬时视场在系统视场中移动，以满足监视器的要求。在有效扫描时间内，探测器输出有效图像，而在无效扫描时间内，输出图像无效。无效扫描时间是指扫描器回到适当位置以进行下一帧或行扫描的时间。主要的扫描方式包括光机扫描、固体自扫描和利用仪器平台运动扫描。

(3) 探测器和制冷器。

探测器将光学图像转换为电子图像，需具备光电转换、电荷存储和扫描读取三大功能，以将光学图像转换为时序视频信号进行进一步处理和显示。成像探测器的实现方式因类型而异，分为制冷和非制冷两类。制冷探测器通常工作在长波红外波段，需在100K以下的环境温度下运行，典型温度为77K，通过机械装置或液氮实现。许多中波红外探测器可在 200K 以下工作，使用热电制冷器即可达到该温度，且可长时间使用，但长时间工作后性能会降低。热探测器可在室温下工作，因此称为非制冷探测器，但仍需制冷装置稳定温度，通常使用热电制冷器。

(4) 图像处理和分析。

对数字化图像进行系列处理可以实现特定目标，主要包括图像预处理、特征提取、图像分析和图像重建。图像预处理包括数字滤波、增强和去噪，旨在改进图像质量；特征提取用于从图像中提取符号化特征；图像分析用于提取图像中的关键信息；最后，利用算法实现高分辨率图像的重建或二维、三维图像构造，增强目标成像效果。

2. 天基探测模式

天基探测是指将探测设备安装在天基平台上，对空间目标进行探测。雷达设备由于需要较大功率，受到平台限制，因此目前天基探测主要指光学探测，即将光学望远镜安装在天基平台上进行探测。与地基探测相比，天基探测有以下优点：全天候探测，不分昼夜；受天气影响较小；不受大气消光影响，天光背景很暗。常见的天基光学探测手段包括可见光探测、红外探测和复合探测，本小节简要介绍这三类探测设备的工作原理与组成。

1) 天基可见光探测

可见光探测技术利用卫星或其他天基平台搭载的光电器件，对空间目标进行成像和观测。这种技术依靠自然光或辅助光源照明条件，通过高精度的光电传感器，如电荷耦合器件(CCD)或互补金属氧化物半导体器件(complementary metaloxide semiconductor，CMOS)捕捉目标区域的图像，并将这些图像转换为电信号进行分析和处理。天基可见光探测分为主动式和被动式两种模式。主动式系统包括发射设备，通常为激光发射器；接收设备包括扫描部分、望远镜、光学系统、探测器和信号处理与控制部分，通常体积较大、质量较重、功耗较高，要求激光频率和输出功率高度稳定。被动式系统则不含发射设备，仅接收和处理来自目标的自然光。两者基本组件和主要功能如表 2-3 所示。

表 2-3　主动式和被动式天基可见光探测设备基本组件和主要功能

组件	主要功能
扫描部分	决定探测的空间范围，将每个视场中的光线信号传递到主光学系统
望远镜	作为能量收集系统，负责收集目标发出或反射的光线
光学系统	从入射光线中选择所需的波长和光学带宽
探测器	通常使用 CCD 或 CMOS 传感器，将光信号转换为电信号
信号处理与控制	对探测器接收到的电信号进行必要的处理，输出可用的数据和图像

2) 天基红外探测

红外探测利用目标辐射的红外信号进行目标探测。常见的红外成像技术是将红外光转换为可测量的光电信号。自然界中温度高于热力学零度的物体都会辐射红外线，这为探测和识别提供了基础。红外辐射是一种波长介于可见光和微波之间的电磁波，通过热效应可探测到其辐射信号。红外成像技术具有以下优点：环境适应性强，尤其在夜间和恶劣天气下表现优于可见光；隐蔽性好，可被动接收目标信号，安全且不易被干扰；体积小、质量轻、功耗低。红外遥感系统和探测系统的基本工作原理图如图 2-2 所示。

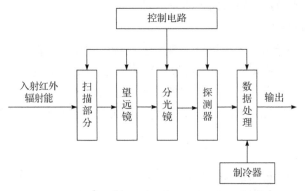

图 2-2　红外遥感系统和探测系统的基本工作原理图

与可见光探测设备类似，红外探测设备也分为主动式和被动式两种。主动式红外探测设备包括发射和接收装置，发射部件通常为激光器，接收部分由望远镜、光学系统、探测器、信号处理和控制部分等组成。因有激光器，要求其频率和输出功率高度稳定，故体积、质量和功耗较大。被动式红外探测设备仅接收和处理目标的红外辐射信号，常用于空间探测。当前在空间中使用的被动式红外探测系统由扫描部分、望远镜、分光镜、探测器、制冷器、控制电路和数据处理部分等组成。扫描部分确定探测范围，并将红外辐射信号传输到望远镜。分光镜选取所需波长的通道，探测器将其转换为电信号并进行数据处理。由于红外探测器在低温下性能更佳，因此系统通常使用微型制冷器提供适当的工作温度，高性能系统有时也会降低分光镜温度以减少背景噪声。

3) 天基复合探测

天基探测中的复合探测技术是一种利用多种传感器和探测方法相结合的综合探测手段。通过多传感器数据融合，复合探测技术能够提供更全面、更准确的探测信息，显著提升探测系统的性能和可靠性。

具体来说，复合探测技术是在单一探测技术的基础上，将多种传感器(如光学传感器、红外传感器、激光雷达、微波辐射计等)结合使用，通过数据融合和综合分析，实现对目标和环境的全方位、多维度探测。复合探测技术具有以下几个主要特点。

(1) 多维度探测。

不同类型的传感器对同一目标或区域进行探测，可以获取不同维度的信息。例如，光学传感器获取目标的可见光图像，红外传感器获取目标的热辐射信息，雷达获取目标的距离和速度信息等。

(2) 数据冗余与补充。

多传感器系统提供的数据具有一定的冗余性，可以相互验证，提高探测数据的可靠性和准确性。同时，不同传感器的组合可以弥补单一传感器在特定环境下的不足。

(3) 实时监测与分析。

复合探测技术更容易实现对目标和环境的实时监测，通过数据融合技术，提供及时、准确的综合探测信息。

数据(信息)融合是复合探测技术的核心,通过将来自不同传感器的数据进行综合处理和分析,提供更全面和准确的探测结果。常用的数据融合方法包括:

(1) 数据级融合。

数据级融合直接对来自不同传感器的原始数据进行处理和融合,适用于传感器数据类型相近、分辨率相似的情况。数据级融合的优点是可以保留原始数据的详细信息,但对数据一致性和同步性要求较高。

(2) 特征级融合。

特征级融合提取特征信息,如边缘、形状、温度等,然后对特征信息进行融合和分析。特征级融合的优点是数据量较小、处理速度快,但需要有效的特征提取算法。

(3) 决策级融合。

决策级融合对各传感器独立处理后的探测结果进行融合和综合判断,适用于传感器数据类型差异较大、处理算法复杂的情况。决策级融合的优点是灵活性高,可以结合多种算法进行综合判断,但对决策规则的设计要求较高。

2.1.2　数据采集与处理

数据采集与处理是航天智能探测任务中的关键环节,主要包括数据采集技术、数据传输技术、数据存储与管理技术、数据分析与可视化技术。

1. 数据采集技术

1) 自动数据采集

航天智能探测中的自动数据采集技术是确保航天器高效、准确地收集关键数据的核心部分。数据采集过程不仅依赖于先进的传感器,还涉及复杂的系统设计、精确的时空同步以及数据的有效获取和初步筛选。

(1) 数据获取。

数据获取是数据采集的第一步,通过各种传感器测量目标的物理量。不同类型的传感器,如光学传感器、红外传感器、雷达等,利用各自的工作原理,在不同环境和条件下收集多种形式的数据。在航天器上,传感器通常安装在不同位置,以覆盖广泛的探测范围。例如,卫星上的光学传感器可以拍摄地球表面的高分辨率图像,红外传感器可以测量地球表面的温度分布,雷达通过发射和接收电磁波,探测目标物体的距离和速度。这些传感器收集的原始数据是后续处理和分析的基础。

(2) 多传感器系统设计。

地基探测系统或天基探测系统通常配备多种传感器,以实现对目标的多维度探测。这种多传感器系统的设计需要解决传感器校准、数据同步、数据融合等问题。传感器校准用于保证数据的准确性和一致性,校准过程包括几何校准和辐射校准,几何校准确保传感器的空间定位精度,辐射校准确保传感器对不同波长的响应准确。数据同步用于保证各传感器数据的时空一致性,通常采用高精度的时钟同步技术,确保不同传感器采集的数据在同一时间点进行比较和融合。数据融合是指将来自不同传感器的原始数据整合为一个综合性的视图，需要复杂的数据处理算法，包括图像配准、点云配准、多光谱数据融合等。

(3) 数据采集系统架构。

数据采集系统架构是实现高效数据采集的关键。典型的数据采集系统包括传感器模块、数据采集模块、控制模块和通信模块。传感器模块负责采集原始数据，并将数据转换为电信号，现代传感器模块通常集成了多种传感器，能够同时采集多种物理量。数据采集模块接收来自传感器模块的电信号，并进行初步的信号处理，通常包括模数转换器、信号放大器和滤波器等部件，以确保信号的准确性和稳定性。控制模块负责协调传感器模块和数据采集模块的工作，确保数据采集过程的同步和高效，通常基于嵌入式处理器，运行实时操作系统，以实现高精度的控制和调度。通信模块负责将采集到的数据传输到地面站或其他处理单元，通常采用无线通信技术或激光通信技术，具有高带宽和低时延的特点。

(4) 数据采集的智能化技术。

数据采集过程逐渐向智能化方向发展，以自适应环境变化、动态调整采集策略、提高数据的采集效率和质量。常用的智能化技术包括自适应采样技术、边缘计算技术和机器学习技术。自适应采样技术根据实时数据分析结果，动态调整采样频率和采样点位置，从而在保证数据质量的同时，最大限度地提高采样效率。边缘计算技术将部分数据处理任务下放到靠近传感器的数据采集终端，从而减少数据传输的压力和时延。机器学习技术术在数据采集中的应用日益广泛，通过机器学习算法，数据采集系统能够自动识别和分类数据，提高数据处理的效率和准确性。如利用深度学习算法对传感器数据进行实时分析，可以自动识别异常情况并进行报警，从而提高数据采集的可靠性和安全性。

2) 数据分析处理

空间探测数据处理可分为工程化数据产品处理和科学应用分析处理。在工程化数据产品处理过程中，按照数据处理的不同程度可将空间探测数据分为不同的级别。数据分级是根据卫星的科学任务需求来制定的，不同的空间探测任务的数据分级可能并不完全相同。图2-3是空间探测数据分级处理的简要流程，0级数据是原始的位流数据、1级数据生成可用的物理量，2级及以上数据是添加了辅助参数后的数据文件或图片等。

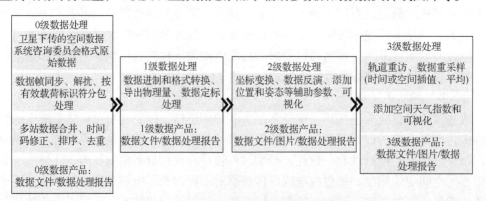

图2-3 空间探测数据分级处理的简要流程

2. 数据传输技术

航天智能探测中的数据传输过程是确保航天器采集到的数据能够可靠地传输到地面站或其他应用节点的重要环节。数据传输不仅涉及传输介质和协议的选择，还需要考虑数据压缩、纠错编码、传输安全等多个方面。空间数据传输链路具有时延长且不固定、误码率较高、时断时续和周期性、上下行链路非对称性等特点，接下来对空间探测数据传输的基本概念进行解释。

1) 数据传输介质

航天器与地面站之间的数据传输通常采用射频(radio frequency，RF)通信和激光通信两种主要模式。RF 通信利用电磁波在自由空间中传播，是最早应用于航天数据传输的技术，具有技术成熟、覆盖范围广的优点，但在带宽和速率方面存在一定限制。常用的波段包括 UHF 波段、S 波段、X 波段和 Ka 波段等，不同波段具有不同的传播特性和适用场景。激光通信利用光在自由空间中的直线传播，具有高带宽、高速率和低时延的特点。与 RF 通信相比，激光通信能够实现更高的数据传输速率和更小的天线尺寸。然而，激光通信对传输路径的要求更高，容易受到大气湍流和云层的影响，需要在设计中考虑这些因素。

2) 数据压缩与纠错编码

航天器采集的数据量通常非常大，为了有效利用有限的通信带宽，需要对数据进行压缩和编码。常用的数据压缩算法包括无损压缩和有损压缩。无损压缩能够在不丢失任何信息的情况下压缩数据，有损压缩通过舍弃一些细节信息来实现更高的压缩率。在航天数据传输中，通常需要在压缩率和数据保真度之间找到平衡。

数据在传输过程中可能受到噪声和干扰的影响，导致数据错误。纠错编码技术通过在数据中加入冗余信息，能够检测和纠正传输过程中发生的错误。常用的纠错编码技术包括前向纠错、循环冗余校验、汉明码、里德–所罗门码等。这些技术能够显著提高数据传输的可靠性，保证接收到的数据与发送的数据一致。

3) 数据传输协议

数据传输协议定义了数据在传输过程中的格式、顺序和控制机制，确保数据能够正确地传输和接收。航天数据传输常用的协议包括空间数据系统咨询委员会(consultative committee for space date systems，CCSDS)协议和专用的通信协议。前者是国际标准化组织为空间数据传输制定的一套标准协议，涵盖了从物理层到应用层的多个层次。但针对特定的场景和性能要求，测控系统可能采用专用的通信协议，以提供更高的传输效率和可靠性。

4) 数据传输安全

航天探测数据通常涉及国家安全和机密信息，因此数据传输的安全性至关重要。为了数据的机密性、完整性和可用性，需采用加密技术和访问控制措施。加密技术通过对数据进行加密，防止未授权用户的访问。常用的加密算法包括对称加密和非对称加密等。访问控制措施通过身份认证和权限管理，确保只有授权用户才能访问数据。身份认证技术包括密码认证、生物识别认证、数字证书等，权限管理则通过设置访问控制列表和角色权限来实现。

5) 数据传输技术的发展方向

数据传输技术也朝着智能化的方向发展，以提高传输效率和可靠性，如自适应传输技术、多输入多输出(multiple-input multiple-output，MIMO)技术、网络编码技术。自适应传输技术根据实时的信道状态和数据传输需求，动态调整传输参数。多输入多输出技术通过在发送端和接收端使用多个天线，实现空间多路传输。网络编码技术通过在传输过程中对数据进行编码和混合，打破传统路由的限制，允许中间节点对接收到的数据进行重新编码和传输。

3. 数据存储与管理技术

空间探测任务中，航天器需要在执行任务期间存储大量的探测数据，以便在合适的时机传输回地面站。这一过程中，数据存储与管理技术起着至关重要的作用。以下是对空间探测数据存储与管理技术的简要介绍。

1) 数据存储介质

航天器的数据存储介质需要具有高容量、高可靠性和抗辐射的特点。常用的存储介质包括固态硬盘和闪存。固态硬盘使用闪存芯片来存储数据，具有无机械运动部件、抗震动、读写速度快等优点。它的高容量和高可靠性使其成为航天器数据存储的理想选择。闪存具有体积小、功耗低、耐久性强等优点，广泛应用于航天器的各种数据存储需求。

2) 数据存储系统设计

数据存储系统设计需要考虑数据的可靠存储、快速访问和高效管理。为了提高数据存储的可靠性，航天器的数据存储系统通常采用冗余设计。例如，使用多个存储设备进行数据备份，当一个设备出现故障时，可以通过其他设备上的备份数据进行恢复。这种设计能够有效防止单点故障导致的数据丢失。此外，航天器在太空中运行，面临着高能粒子辐射的威胁。高能粒子辐射会对电子设备造成损害，导致数据错误或存储设备失效。为了应对这一挑战，航天器的数据存储设备通常采用抗辐射设计，包括使用抗辐射材料、增加辐射屏蔽层，以及采用抗辐射加固芯片等措施。航天器采集的数据量通常非常大，为了节省存储空间和提高存储效率，常采用数据压缩技术与去重技术。数据压缩技术能够减少数据占用的存储空间，去重技术则可以删除重复数据，进一步节省存储资源。

3) 数据管理与访问

数据管理与访问是确保数据能够高效存储和利用的关键。探测系统用专用的文件系统来管理存储设备上的数据。文件系统负责数据的组织、存取和管理，确保数据能够快速读写和有效利用。常用的文件系统包括文件分配表(FAT)、新文件系统(NTFS)、延伸文件系统(EXT)等，根据具体需求选择适合的文件系统。另外，为提高数据访问效率，存储系统通常建立数据索引，来快速定位和访问所需的数据，提高系统的响应速度。对于需要实时处理的数据，存储系统需要具备快速存取能力。实时数据存储系统通常采用高速缓存和高性能存储设备，以满足实时数据处理的需求。

4) 存储技术的发展方向

随着技术的发展，空间探测中的数据存储技术也在不断发展进步，新的大容量存储技术不断出现。新型存储设备，如非易失性存储器、相变存储器和磁阻随机存储器等，具有更高的存储密度和更快的读写速度，有望在未来的航天器数据存储中得到应用。利用人工智能和机器学习技术，可以实现对存储数据的智能管理和优化。例如，通过智能算法预测存储设备的故障趋势，提前进行存储系统维护和更换；通过智能数据调度和缓存策略，提高存储系统的整体性能。

4. 数据分析与可视化技术

1) 数据分析技术

空间探测数据分析涉及多种技术和方法，主要包括数据预处理、数据挖掘、统计分析和机器学习等。数据预处理是数据分析的第一步，目的是清洗和整理原始数据，确保其质量和一致性。数据预处理步骤包括数据去噪、缺失值处理、数据规范化和特征提取等。数据挖掘通过发现数据中的模式和关系，揭示隐藏的信息和知识。常用的数据挖掘方法包括聚类分析、关联规则挖掘等。统计分析通过对数据进行定量分析和推断，帮助理解数据的分布和趋势。

2) 数据可视化技术

空间探测数据是一些抽象的实验数据，单凭实验数据很难直接看出数据所隐含的物理现象或规律性。因此，对空间探测数据进行科学分析前，需要将数据转化为直观的图片或影像。对于 ASCII 码或 CSV 格式的文本文档数据，可以直接载入数据绘图。但对于一些特殊格式的数据文件(如二进制、CDF 或 HDF 格式等)，需要使用 IDL 代码来读取数据并可视化处理。

2.1.3 空间探测数学模型

不同的探测目标、探测传感器和方法，需选择不同的数学模型，并影响问题求解的可靠性和效率。在空间目标探测任务中，涉及的数学模型包括空间环境的数学模型，如大气密度模型、磁场模型、光场模型、地球重力场模型等；传感器探测原理的数学模型，如光学传感器模型、红外传感器模型、雷达传感器模型、微波辐射计模型等。本小节将介绍这几种重要模型。

1. 空间环境的数学模型

1) 大气密度模型

常用的大气密度模型有国际标准大气模型和美国标准大气模型。国际标准大气模型是由国际民用航空组织制定的大气模型。该模型假设了理想的温度和气压分布，用于标准化工程计算。国际标准大气模型适用于海平面到 32km 的高度范围，提供了从地面到平流层顶部的温度、气压和密度的标准值。关键参数：海平面温度为 15℃；海平面气压为 101325Pa；重力加速度为 9.80665m/s^2；从海平面到 11km，高度每升高 1km，温度下降 6.5℃；在 11~20km，温度保持-56.5℃不变；在 20~32km，高度每升高 1km，温度上升 1℃。

美国标准大气模型是美国政府和相关科学机构制定的，旨在提供一种标准化的大气模型用于科学研究和工程应用。该模型类似于国际标准大气模型，但进行了调整和扩展，覆盖到84km 的高度，提供更详细的温度、气压和密度分布数据。关键参数：海平面温度为 15℃；海平面气压为101325Pa；重力加速度为9.80665m/s^2。与国际标准大气模型不同的是，该模型将大气层分为多个高度区间，每个区间有不同的温度梯度和气压分布规律，包括对流层、平流层、中间层、热层，此处不详细叙述。

2) 磁场模型

常用的磁场模型包括偶极子模型、国际地磁参考场模型和磁环流模型。偶极子模型假设地球磁场可以近似为一个位于地心的偶极子产生的磁场。这个模型是描述地球磁场最基本且广泛应用的一种模型。在偶极子模型中，地球磁场被视为一个理想的偶极子磁场。数学上，偶极子磁场的表达式为

$$\boldsymbol{B} = \frac{\mu_0}{4\pi} \frac{(\boldsymbol{m} \cdot \boldsymbol{r})\boldsymbol{r} - r^2 \boldsymbol{m}}{r^5} \tag{2-7}$$

式中，$\boldsymbol{m}$ 是偶极子的磁矩；$\boldsymbol{r}$ 是从偶极子中心指向场点的位置向量；μ_0 是真空中的磁导率。偶极子模型假设地球的磁场主要由地核中的电流产生，这些电流形成一个类似于巨大的条形磁铁的磁场。尽管这个模型相对简单，但它能够有效地解释地球表面大部分区域的地磁场分布。

国际地磁参考场模型是由国际地磁学与高空物理学协会发布的标准地磁场模型，主要用于描述地球磁场的全球分布。该模型是基于球谐函数展开的方法构建的，每五年更新一次，以反映地球磁场的长期变化。数学形式为

$$\boldsymbol{B}(\boldsymbol{r}, \theta, \phi) = -\nabla V(\boldsymbol{r}, \theta, \phi) \tag{2-8}$$

式中，磁势 $V(\boldsymbol{r}, \theta, \phi)$ 表示球谐函数的展开形式：

$$V(\boldsymbol{r}, \theta, \phi) = a \sum_{n=1}^{N} \left(\frac{a}{r}\right)^{n+1} \sum_{m=0}^{n} \left[g_n^m \cos(m\phi) + h_n^m \sin(m\phi)\right] P_n^m \cos\theta \tag{2-9}$$

式中，a 是地球半径；g_n^m 和 h_n^m 是球谐系数；P_n^m 是缔合勒让德多项式。国际地磁参考场模型考虑了地磁场的多极分量，能够精确描述地球磁场的全球分布。

磁环流模型用于描述地磁场在磁暴期间的变化，特别是由磁层环流电流产生的磁场。磁环流是指在地球磁层中，由于太阳风的作用，带电粒子在地球赤道面附近形成的环形电流。特别是在磁暴期间，这些电流显著增强，导致地磁场发生变化。磁环流模型主要用于研究和预测地磁场的短期变化。磁环流产生的磁场可以通过毕奥-萨伐尔定律计算：

$$\boldsymbol{B} = \frac{\mu_0}{4\pi} \int \frac{I \mathrm{d}\boldsymbol{l} \times \boldsymbol{r}}{r^3} \tag{2-10}$$

式中，I 是环流电流；$\mathrm{d}\boldsymbol{l}$ 是电流元；$\boldsymbol{r}$ 是从电流元到场点的位置向量。磁环流模型对于空间天气预报和地磁场短期变化的研究具有重要意义。

3) 光场模型

光场模型是计算摄影和计算成像领域的重要概念，它描述了光在空间中的传播和分布情况，能够捕捉和再现复杂的光线行为。光场模型在航天领域的空间智能探测中具有

重要应用，为高质量的图像重建和新视角合成提供了理论基础和技术支持。

光场模型描述了光在空间中传播的全部信息，包括光线的方向、强度和颜色等。光场可以表示为一个七维函数，表示每条光线在空间中的位置、方向和时间上的变化：

$$L(x,y,z,\theta,\phi,t,\lambda) \tag{2-11}$$

式中，(x,y,z) 表示光线在空间中的位置；(θ,ϕ) 表示光线的方向(方位角和仰角)；t 表示时间；λ 表示信号波长。

对于静态场景和固定时间点，光场模型通常简化为四维函数：

$$L(u,v,s,t) \tag{2-12}$$

式中，(u,v) 和 (s,t) 是两个平行平面上的参数化坐标，用于描述光线的空间位置和方向。

光场模型可以通过多种方式进行表示和采集，主要包括光场相机阵列和多视角相机阵列。光场相机阵列通过在传感器前面放置一个微透镜阵列，可以在一次拍摄中捕获场景的光场信息。每个微透镜将光线分散到不同的像素，从而记录光线的方向和强度。多视角相机阵列通过使用多个相机从不同视角拍摄同一场景，可以采集到光场的多视角图像。然后，通过图像处理和合成技术，将这些多视角图像组合成一个完整的光场。光场的重建和渲染是光场模型的核心任务，主要包括以下几个步骤：

(1) 采集。

使用光场相机阵列或多视角相机阵列采集场景的光场数据。采集过程需要高精度的设备和精确的校准，以保证数据的准确性和一致性。

(2) 重建。

通过计算方法将采集到的光场数据进行重建，得到完整的光场表示。重建过程涉及系列算法，如图像配准、多视角立体匹配和图像融合等。

(3) 渲染。

通过光场渲染算法，从重建的光场中生成图像。渲染过程可以实现新视角图像合成、景深调整和焦点后处理等功能，用户可以自由地改变视角和焦点，获得沉浸式的视觉体验。

光场模型的数学基础建立在几何光学和辐射度学的理论之上，以下是一些重要的公式和概念。光场函数 $L(u,v,s,t)$ 描述了光线在空间中的分布，表示为

$$L(u,v,s,t) = E(x,y,\theta,\phi) \tag{2-13}$$

式中，(u,v) 和 (s,t) 是两个平行平面上的参数化坐标；E 是辐射强度函数。辐射度 L 是描述光在某个方向上传播的强度，可以表示为

$$L = \frac{\mathrm{d}^2\Phi}{\mathrm{d}A\cos\theta\mathrm{d}\Omega} \tag{2-14}$$

式中，Φ 是辐射能量；A 是面积；θ 是入射角；Ω 是立体角。

(1) 光场采样。

光场相机通过微透镜阵列对光场进行采样，每个微透镜记录光线的方向和强度。采样过程可以表示为

$$L(i,j,k,l) = L(u_i, v_j, s_k, t_l) \tag{2-15}$$

式中，(i,j) 和 (k,l) 是采样点的索引；(u_i, v_j) 和 (s_k, t_l) 是采样平面上的坐标。

(2) 光场重建。

光场重建是从采样数据中恢复光场的过程，通常通过插值和优化方法实现。重建公式可以表示为

$$\hat{L}(u,v,s,t) = \sum_{i,j,k,l} w_{ijkl} \cdot L(i,j,k,l) \tag{2-16}$$

式中，$\hat{L}$ 是重建的光场函数；w_{ijkl} 是插值权重。

在航天领域，光场模型有助于解决高分辨率成像、新视角生成和复杂光线场景处理等问题，以下是具体应用。

(1) 高分辨率成像。

光场模型可以通过多视角图像的融合，提高空间探测的成像分辨率和图像质量，捕捉更多的细节信息。

(2) 新视角生成。

利用光场数据，可以在后处理阶段生成不同视角的图像，提供更多的观测角度和分析视角，有助于全面了解探测目标。

(3) 复杂光线场景处理。

光场模型能够捕捉和再现复杂的光线行为，如光线的反射、折射和散射等，在处理复杂光线场景时具有明显优势。

4) 地球重力场模型

重力是在地球表面及其附近空间的物体所受的地球引力和地球自转产生的惯性离心力的合力。地球重力场是地球最基本的物理场之一，是地球内部、表面或外部空间物质分布与地球自身旋转运动信息的综合反映。类似于电场或磁场的空间分布，地球重力场的空间分布是不规则的。确定地球重力场的精细结构及其随时间变换规律，对航天探测、测绘、地球物理和国防军事等领域具有重要的科学意义和应用价值。

以人造卫星为例，实际应用中卫星不仅受到地球中心引力作用，而且受到地球非球形引力、日月引力、大气阻力、地月潮汐、太阳辐射等的摄动影响，目标运动方程必须考虑上述综合影响。因此，其动力学模型以摄动方程形式表示为

$$m\ddot{r} = \sum_{i=1}^{N} f_i = f \tag{2-17}$$

式中，f 表示作用在目标上所有力的和；f_i 表示第 i 个摄动力；r 表示质量为 m 的目标的轨道半径向量；$\ddot{r}$ 表示目标的运动加速度。

在航天工程应用中，尽管以上摄动力的量级比较小，但进行精密测量时必须考虑。根据力学基本知识，中心天体对目标的引力 F 为保守力，因此存在位函数 V 使得：

$$\frac{F}{m} = \mathrm{grad}V = \nabla V \tag{2-18}$$

式中，grad 表示梯度；∇ 表示哈密顿算子。如果进一步定义目标在笛卡儿坐标系 (x,y,z) 或者球坐标系 (r,φ,λ) 中的具体参量，则还可以进一步给出拉格朗日受摄方程，并获得解析解。

在航天领域，引力模型主要用于描述飞行器与天体(如行星、天体的卫星、小行星等)之间的引力相互作用。常见的航天器引力模型有点质量模型、球谐函数模型、多面体模型和质点群模型等，近年来还发展了人工神经网络模型。本小节对球谐函数模型作简要介绍。球谐函数模型是一种用于精确描述复杂天体(如地球)引力场分布的数学工具。球谐函数通过一系列基函数的线性组合，能够逼近和表示天体表面及其外部空间中的引力势和引力位。

设在球坐标系 (r,φ,λ) 中，r 是径向距离，φ 是极角(纬度)，λ 是方位角(经度)。在该模型中，引力势(或引力位)可展开为一系列球谐函数的和：

$$V(r,\varphi,\lambda) = \sum_{lmi} \frac{1}{r^{l+1}} V_{lmi} = \sum_{l=0}^{\infty} \sum_{m=0}^{l} \frac{1}{r^{l+1}} P_{lm}(\sin\varphi)\left[C_{lm}\cos(m\lambda) + S_{lm}\sin(m\lambda)\right] \tag{2-19}$$

式中，V_{lmi} 为球谐调和项，它是拉普拉斯方程在球坐标系下的解，依赖于径向距离 r；P_{lm} 为勒让德(Legendre)函数；C_{lm} 和 S_{lm} 为球谐函数的系数，在球谐函数中，l 代表阶数，是非负整数，m 代表次数，其取值范围是 $-l \leqslant m \leqslant l$，它决定了球谐函数在纬度方向上的对称性。

因为 $V(l=0)$ 的第一项可以表示为 GM/r，所以完全正则化的引力位函数 $V(r,\varphi,\lambda)$ 可以写为

$$V(r,\varphi,\lambda) = \frac{GM}{r}\left\{-1 + \sum_{l=2}^{\infty} \sum_{m=0}^{l} \left(\frac{a}{r}\right)^l \bar{P}_{lm}\sin\varphi\left[\bar{C}_{lm}\cos(m\lambda) + \bar{S}_{lm}\sin(m\lambda)\right]\right\} \tag{2-20}$$

式中，$\bar{C}_{lm}$ 和 $\bar{S}_{lm}$ 为正则系数；$\bar{P}_{lm}$ 为正则化后的 Legendre 函数。

以人造卫星为例，这些系数主要由地球轨道上的空间飞行器的运动来确定。虽然 20 世纪 60 年代就已经确定了低阶项的数值，但计算地球引力场依然是一个活跃的研究领域。目前有许多"标准"地球引力模型，如联合引力模型(joint gravity model，JGM)，其中 JGM-3 模型就是一例，它已将调和系数的值确定到了第 70 阶。此外，EGM96、EGM2008、EGM2020 等也是该领域不同年代发布的几个重要的地球引力模型。得益于 21 世纪初 CHAMP 卫星和 GRACE 卫星观测数据的使用，在轨引力场的测量正式启程。GRACE 卫星继任者(GRACE follow-on 卫星)和 ESA 的 GOCE 航天器的发射给引力模型的完善带来了更有意义的进展和前景，使得地球重力场建模精度和分辨率实现了里程碑式的跨越。

地球是一个极半径略短、赤道半径略长，北极略突出、南极略扁平，近似于梨形的椭球体。在地球的大地水准面描述中，水准面是地球实际重力场的一个等位面，每一点的重力方向均与该点所在等位面相垂直，实际的重力方向一般称为天文垂线，或称真垂线。由于实际地球内部密度分布不均匀，并且表面凹凸不平，大地水准面不规则，因而实际重力的大小和方向也不规则。与地球的几何形状描述类似，也希望使用一个简单的数学

函数来拟合地球重力场，这个简单函数表示的重力场就称为正常重力场。

若将地球视为圆球体并且认为密度均匀分布，那么地球引力指向地心，根据牛顿万有引力定律，地球对其表面或外部单位质点的引力大小为

$$F = \frac{GM}{r^2} = \frac{\mu}{r^2} \tag{2-21}$$

式中，G 为万有引力常数；M 为地球质量；$\mu = GM$，为地心引力常数；r 为质点至地心的距离。

如图 2-4 所示，地球绕其极轴存在自转角速率 ω_{ie}，使得与地球表面固连的单位质点受到离心力的作用，其大小为

$$F' = \omega_{ie}^2 R \cos L \tag{2-22}$$

式中，R 为圆球半径；L 为地理纬度(在圆球假设中即为地心纬度)。重力是引力与离心力的合力，引力与离心力之间的夹角为 $\pi - L$，根据余弦定理，在纬度为 L 处 P 点的重力大小为

$$\begin{aligned}
g_L &= \sqrt{F^2 + F'^2 + 2FF' \cos(\pi - L)} \\
&= \sqrt{\left(F - \omega_{ie}^2 R\right)^2 + 2F\omega_{ie}^2 R \sin^2 L - \left(\omega_{ie}^2 R\right)^2 \sin^2 L} \\
&= \sqrt{\left(F - \omega_{ie}^2 R\right)^2 \left[1 + 2\frac{\left(F - \dfrac{1}{2\omega_{ie}^2 R}\right)\omega_{ie}^2 R}{\left(F - \omega_{ie}^2 R\right)^2} \sin^2 L\right]} \\
&\approx g_e \sqrt{1 + 2\frac{\omega_{ie}^2 R}{g_e} \sin^2 L} \approx g_e \left(1 + \frac{\omega_{ie}^2 R}{g_e} \sin^2 L\right)
\end{aligned} \tag{2-23}$$

式中，$g_e = F - \omega_{ie}^2 R$，为赤道上的重力大小；$\omega_{ie}^2 R / g_e$ 为赤道上的离心力与重力加速度的比值。

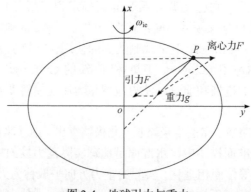

图 2-4 地球引力与重力

实践表明，基于圆球假设的重力公式与实际椭球地球的重力公式相比，在高纬度地

区偏小将近 $2mg$ ，部分原因归结于实际椭球地球在高纬度地区半径缩小，实际引力增大。为了更精确地计算正常重力值，需要在椭球条件下进行重力推导。对于地球旋转椭球体，假设在椭球表面上重力矢量处处垂直于表面，也就是说，旋转椭球表面为重力的一个等位面。索密里安于 1929 年经过严密推导，获得了旋转椭球体的正常重力公式为

$$g_L = \frac{R_e g_e \cos^2 L + R_p g_p \sin^2 L}{\sqrt{R_e^2 \cos^2 L + R_p^2 \sin^2 L}} \tag{2-24}$$

式中，R_e 和 R_p 分别为旋转椭球的赤道长半轴和极轴短半轴；g_e 和 g_p 分别为赤道重力和极点重力；g_L 为地理纬度 L 处椭球表面的重力大小。对于赤道重力 g_e 和极点重力 g_p，近似有

$$\begin{cases} g_e \approx \dfrac{\mu}{R_e R_p}\left(1 - \dfrac{3}{2}m - \dfrac{3}{7}mf\right) \\ g_p \approx \dfrac{\mu}{R_e^2}\left(1 + m + \dfrac{6}{7}mf\right) \end{cases} \tag{2-25}$$

最终简化为

$$\begin{aligned} g_L &= g_e\left[1 + \left(\beta - \beta f - \frac{1}{2}f^2\right)\sin^2 L + \left(\beta f + \frac{1}{2}f^2\right)\left(\sin^2 L - \frac{1}{4}\sin^2(2L)\right)\right] \\ &= g_e\left[1 + \beta\sin^2 L - \frac{1}{8}\left(2\beta f + f^2\right)\sin^2(2L)\right] \\ &= g_e\left[1 + \beta\sin^2 L - \beta_1\sin^2(2L)\right] \end{aligned} \tag{2-26}$$

式中，

$$\beta_1 = \frac{1}{8}(2\beta f + f^2) \tag{2-27}$$

在地球表面附近的重力场中，引力与离心力相比，引力为主要成分，重力随海拔增加而减小，其变化规律与引力随距离增加而减小的规律近似相同。分析高度影响时，不妨将地球近似成圆球且质量集中在地心，地球对高度为 h 的单位质点的引力大小为

$$F = \frac{\mu}{(R+h)^2} \tag{2-28}$$

对式(2-28)两边同时微分，得

$$dF = -2\frac{\mu}{(R+h)^3}dh \approx -2\frac{\mu}{R^3}dh = -\beta_2 dh \tag{2-29}$$

式中，

$$\beta_2 \approx 2\frac{\mu}{R^3} \tag{2-30}$$

综合，可求得地球表面附近正常重力随纬度和高度变化的实用计算公式，即在大地

坐标处的重力值为

$$g_{Lh} = g_e \left[1 + \beta \sin^2 L - \beta_1 \sin^2(2L) \right] - \beta_2 h \tag{2-31}$$

2. 传感器探测原理的数学模型

在天基探测系统中，传感器是获取和测量目标信息的关键设备。不同类型的传感器(如光学传感器、红外传感器和雷达传感器)基于各自独特的物理探测原理，构建了不同的数学模型和量测模型。这些模型不仅描述了传感器的工作机制，还为数据分析和处理提供了理论基础。此外，误差分析模型通过定量描述测量过程中可能出现的误差来源，帮助人们理解和改善测量精度。以下内容将介绍几种常见传感器的探测原理数学模型、量测模型和误差分析模型。

1) 光学传感器模型

(1) 探测原理数学模型。

光学传感器通过收集可见光或近红外光的反射来成像。光学传感器的成像模型可以用透镜成像公式来描述：

$$\frac{1}{f} = \frac{1}{d_0} + \frac{1}{d_i} \tag{2-32}$$

式中，f 是镜头的焦距；d_0 是物体到镜头的距离；d_i 是成像平面到镜头的距离。

(2) 量测模型。

在成像过程中，光学传感器的量测模型可以用几何关系和辐射传输模型来描述：

$$I(x,y) = R(x,y) \cdot L(x,y) \cdot \tau \tag{2-33}$$

式中，$I(x,y)$ 是图像的像素值；$R(x,y)$ 是物体表面的反射率；$L(x,y)$ 是入射光强度；τ 是传感器的透过率。

(3) 误差分析模型。

光学传感器的误差主要来源于镜头畸变误差、光学系统误差和传感器噪声。误差分析模型可以用下式表示：

$$E_{opt} = E_{dist} + E_{sys} + E_{noise} \tag{2-34}$$

式中，E_{opt} 是总误差；E_{dist} 是镜头畸变误差；E_{sys} 是光学系统误差；E_{noise} 是传感器噪声。

2) 红外传感器模型

(1) 探测原理数学模型。

红外传感器通过检测物体发射的红外辐射来测量温度。红外辐射的强度可以用普朗克定律来描述：

$$L(\lambda, T) = \frac{2hc^2}{\lambda^5} \cdot \frac{1}{e^{\frac{hc}{\lambda kT}} - 1} \tag{2-35}$$

式中，$L(\lambda, T)$ 是波长 λ 处的辐射强度；h 是普朗克常数；c 是光速；k 是玻尔兹曼常数；T 是物体温度。

(2) 量测模型。

红外传感器的量测模型可以表示为

$$I = \int_{\lambda_1}^{\lambda_2} L(\lambda, T) \cdot R(\lambda) \cdot \tau(\lambda) \mathrm{d}\lambda \tag{2-36}$$

式中，I 是传感器输出信号；$R(\lambda)$ 是传感器的光谱响应函数；$\tau(\lambda)$ 是传感器的透过率。

(3) 误差分析模型。

红外传感器的误差来源包括测量噪声、校准误差和环境影响误差。误差分析模型可以表示为

$$E_{\mathrm{IR}} = E_{\mathrm{noise}} + E_{\mathrm{cal}} + E_{\mathrm{env}} \tag{2-37}$$

式中，E_{IR} 是总误差；E_{noise} 是测量噪声；E_{cal} 是校准误差；E_{env} 是环境影响误差。

3) 雷达传感器模型

(1) 探测原理数学模型。

雷达传感器通过发射电磁波并接收其反射波来测量目标的距离和速度。雷达方程描述了接收到的回波功率：

$$P_{\mathrm{r}} = \frac{P_{\mathrm{t}} G_{\mathrm{t}} G_{\mathrm{r}} \lambda^2 \sigma}{(4\pi)^3 R^4} \tag{2-38}$$

式中，P_{r} 是接收到的功率；P_{t} 是发射功率；G_{t} 和 G_{r} 分别是发射和接收天线增益；λ 是波长；σ 是目标雷达截面积；R 是目标距离。

(2) 量测模型。

雷达的量测模型包括距离测量和速度测量。距离测量公式为

$$R = \frac{c \cdot t_{\mathrm{r}}}{2} \tag{2-39}$$

式中，t_{r} 是回波传输时间；c 是光速。速度测量利用多普勒效应：

$$v = \frac{\lambda \cdot f_{\mathrm{d}}}{2} \tag{2-40}$$

式中，f_{d} 是多普勒频移。

(3) 误差分析模型。

雷达传感器的误差主要来源于测量噪声、多径效应误差和系统误差。误差分析模型可以表示为

$$E_{\mathrm{radar}} = E_{\mathrm{noise}} + E_{\mathrm{multi}} + E_{\mathrm{sys}} \tag{2-41}$$

式中，E_{radar} 是总误差；E_{noise} 是测量噪声；E_{multi} 是多径效应误差；E_{sys} 是系统误差。

4) 微波辐射计模型

(1) 探测原理数学模型。

微波辐射计通过检测地表和大气的微波辐射来测量温度和湿度。辐射亮度可以表示为

$$T_b = \frac{P_r}{kB} \tag{2-42}$$

式中，T_b 是辐射亮度；P_r 是接收功率；k 是玻尔兹曼常数；B 是接收带宽。

（2）量测模型。

微波辐射计的量测模型可以表示为

$$T_b = T_s \cdot \tau + T_a \cdot (1 - \tau) \tag{2-43}$$

式中，T_s 是地表温度；T_a 是大气温度；τ 是大气透过率。

（3）误差分析模型。

微波辐射计的误差来源包括系统噪声、校准误差和大气干扰误差。误差分析模型可以表示为

$$E_{microwave} = E_{sys} + E_{cal} + E_{atm} \tag{2-44}$$

式中，$E_{microwave}$ 是总误差；E_{sys} 是系统噪声；E_{cal} 是校准误差；E_{atm} 是大气干扰误差。

2.2 目标智能探测方法与原理

2.2.1 目标识别算法原理

空间的各类目标，如卫星、空间碎片等是空间目标探测识别的对象，从复杂的空间背景中探测获取各类目标图像数据，对其进行特征提取和自动检测识别，实现对目标预测跟踪监控。在空间目标探测中，目标识别算法是核心组成部分。以地基雷达观测信号目标识别为例，空间目标识别主要依赖于雷达回波中的多种特征信息，包括幅度、相位、频谱和极化等，将这些特征信息通过数学上的多维空间变换来估计目标的大小、形状、位置、速度以及其他物理特性参数，并将这些特征信息输入到分类器中，通过大量训练样本对所确定的鉴别函数进行目标识别。图 2-5 给出了典型的基于地基雷达观测的空间目标识别基本原理框图。

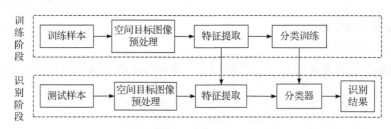

图 2-5 基于地基雷达观测的空间目标识别基本原理框图

从图 2-5 中可以看出空间目标识别分为训练和识别两个阶段。空间目标识别具体设计细节依赖于要进行识别的感兴趣目标对象的特征，主要包含三个部分，即空间目标图像预处理、特征提取和目标分类识别。

由于 2.1.1 小节介绍的地基探测和天基探测基于不同的物理原理和技术手段来识别空间目标，这里分别针对两种不同模式，对空间目标识别的基本算法作简要介绍。

1. 常见地基探测目标识别算法

在地基探测中，目标识别算法通常基于光电探测技术和无线电探测技术相结合，以实现对空间目标的精确识别。

常见的地基光电探测目标识别算法有图像匹配算法和深度学习算法。

1) 图像匹配算法

图像匹配算法的基本原理是通过将观测到的目标图像与已知目标图像库中的图像进行匹配，找到最相似的图像以确定目标身份。该算法主要涉及特征提取(如边缘、角点、纹理等)、相似性度量(如欧氏距离、相关系数等)、搜索策略(如穷举搜索、快速最近邻搜索等)。图像匹配算法需要有空间目标的先验观测信息作为基础。

2) 深度学习算法

深度学习算法是近年来广泛应用于空间目标识别领域的算法，其基本原理是通过训练深度学习模型来自动学习目标的特征表示，并利用这些特征进行目标识别和分类。其主要涉及卷积层(用于特征提取)、池化层(用于降维和特征选择)、全连接层(用于分类)、激活函数(如 ReLU)、优化算法(如梯度下降)的设计等核心内容，其基本原理在 2.2.3 小节还将进一步介绍。

常见的地基无线电探测目标识别算法有地基雷达信号处理算法和地基雷达探测特征提取与分类算法。

1) 地基雷达信号处理算法

地基雷达信号处理算法的基本原理是对雷达接收到的回波信号进行处理，提取目标的距离、速度、方位等信息，并结合目标的雷达截面积(RCS)等特征进行识别。该算法主要解决不同体制雷达下的脉冲压缩、多普勒处理、波束形成、目标跟踪与滤波(如卡尔曼滤波)等核心环节的设计问题。

2) 地基雷达探测特征提取与分类算法

地基雷达探测特征提取与分类算法的基本原理是从雷达信号中提取出目标的特征参数(如形状、大小、速度等)，并利用这些特征参数进行识别和分类。常见的算法有支持向量机(support vector machine，SVM)、决策树、随机森林、机器学习算法等。

2. 常见天基探测目标识别算法

在天基探测中，目标识别算法通常与遥感技术相结合，利用卫星或空间站上的传感器获取空间目标的图像或数据。

1) 天基遥感图像处理算法

天基遥感图像处理算法的基本原理是对遥感传感器获取的图像进行预处理(如辐射校正、几何校正)、特征提取(如形状、纹理、光谱特征)、识别与分类。其中的关键技术包括图像分割、特征提取与选择、分类器设计(如最大似然分类器、神经网络分类器)。

2) 光谱分析算法

光谱分析算法的基本原理是利用光谱仪获取空间目标的光谱数据，通过光谱特征分析来识别目标的材质和类型。其中涉及光谱数据预处理(如噪声去除、基线校正)、光谱特征提取(如峰值、谷值、吸收带等)、光谱匹配与识别(如光谱库匹配、光谱角映射)等关键技术。

3) 多维特征融合算法

多维特征融合算法的基本原理是将不同传感器获取的多维特征(如图像特征、光谱特征、雷达特征等)进行融合，以提高目标识别的准确性和鲁棒性。其主要技术涉及特征层融合、决策层融合、贝叶斯网络、深度学习等。

这里需要特别说明的是，空间目标识别是一个复杂且多维度的过程，涉及雷达技术、信号处理、多传感器信息融合、深度学习等多个领域。在实际应用中，会根据具体需求和场景、特定目标的特征、观测模式等进行优化组合，综合利用多种技术手段和方法，以实现对空间目标的高精度、高效率识别。近年来，一些新技术、新方法在空间目标识别中获得广泛应用，提高了对多目标、微小目标识别的精度和实时性要求。

2.2.2 目标预测算法原理

在航天探测领域，空间目标的运动状态预测是一个至关重要的课题。准确预测空间目标的位置、速度和加速度等信息，不仅有助于提高探测精度，还能有效支持空间任务的规划与实施。本小节将介绍空间目标预测的基本原理，分别从基于模型驱动和数据驱动的目标预测方法进行探讨。

1. 基于模型驱动的目标预测方法

基于模型驱动的目标预测方法主要依赖于物理模型和数学模型，通过对已知运动规律的解析，推算目标的未来状态。常用的模型包括经典力学模型、引力模型、光压模型和潮汐模型等。

1) 经典力学模型

根据牛顿第二定律，目标的运动方程可以表示为

$$F = ma \tag{2-45}$$

式中，F 是外力；m 是目标的质量；a 是目标的加速度。通过对目标所受的外力进行分析，可以得到其运动状态的变化。对于一维直线运动的目标，其运动方程为

$$x(t) = x_0 + v_0 t + \frac{1}{2} a t^2 \tag{2-46}$$

式中，$x(t)$ 为目标在时刻 t 的位置；x_0 和 v_0 分别为初始位置和初始速度。

2) 引力模型

根据牛顿万有引力定律，点质量 M 引起的卫星加速度为

$$\ddot{r} = GM \cdot \frac{s - r}{|s - r|^3} \tag{2-47}$$

式中，r 和 s 分别为卫星和 M 的地心位置。

用式(2-47)来描述卫星相对于地心运动时有一点需要留意，即式(2-47)中 $\ddot{r}$ 参考的是惯性坐标系，地球在该坐标系中并非静止，由于 M 的引力，其自身所受加速度为

$$\ddot{r} = GM \cdot \frac{s}{|s|^3} \tag{2-48}$$

式(2-47)与式(2-48)相减可以获得卫星地心位置矢量关于时间的二阶导数：

$$\ddot{r} = GM \cdot \left(\frac{s-r}{|s-r|^3} - \frac{s}{|s|^3} \right) \tag{2-49}$$

由于太阳和月球离地球的距离远远大于绝大部分卫星相对地球的距离，式(2-49)可以进一步简化来分析摄动理论，考察地心坐标系中加速度的特点。式(2-47)分母可展开为

$$\frac{1}{|s-r|^3} = \frac{1}{s^2 + r^2 - 2sr(e_s e_r)} \approx \frac{3/2}{s^3} \left[1 + 3\frac{r}{s}(e_s e_r) \right] \tag{2-50}$$

式中，单位矢量 $e_s = s/|s|^3$ 和 $e_r = r/|r|^3$ 分别指向 s 和 r，代入式(2-49)可得

$$\ddot{r} \approx \frac{GMr}{s^3} \left[-e_r + 3e_s(e_s e_r) \right] \tag{2-51}$$

如果 $e_r = \pm e_s$，则式(2-51)可简化为

$$\ddot{r} \approx \frac{2GM}{s^3} r \tag{2-52}$$

因此，卫星、地球、第三体共线时，卫星受到远离地球的加速度；卫星与第三体相对于地球夹角为直角时，卫星将受到指向地球的加速度，如图 2-6 所示。加速度与卫星的地心距离成正比，而与第三体的距离三次方成反比。

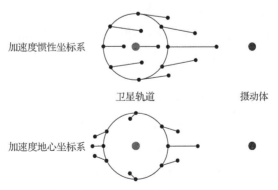

图 2-6　遥远点质量引力产生的潮汐力

3) 光压模型

暴露在太阳辐射下的卫星会受到光子吸收或反射所产生的微小力的作用。与引力摄动不同，太阳辐射产生的加速度依赖于卫星的质量和表面积。太阳辐射压大小由太阳流

量 $\Phi = \Delta E / A\Delta t$ 决定，即在时间间隔 Δt 内穿过面积 A 的能量 ΔE。

能量为 E_v 的单位光子携带一个冲量：

$$p_v = \frac{E_v}{c} \tag{2-53}$$

式中，c 为光速。相应地，日照下的一个吸收体总的冲量在 Δt 内改变：

$$\Delta p = \frac{\Delta E}{c} = \frac{\Phi}{c} A\Delta t \tag{2-54}$$

则卫星受力 $F = \Delta p / \Delta t = (\Phi/c) A$ 和横截面积 A 成正比，即压强为 $P = \Phi/c$。在地球附近，太阳流量值为 $\Phi \approx 1367 \mathrm{W} \cdot \mathrm{m}^2$。假设卫星表面 A 吸收所有光子并且垂直于入射辐射方向，则太阳辐射压为 $P_\odot \approx 4.56 \times 10^{-6} \mathrm{N} \cdot \mathrm{m}^{-2}$。

图 2-7 是卫星表面为任意方向时太阳辐射压示意图，分为完全吸收 ($\varepsilon = 0$) 和完全镜面反射 ($\varepsilon = 1$) 两种情况。法向矢量 $\boldsymbol{n}$ 代表表面 A 的方向，其与指向太阳方向矢量 $\boldsymbol{e}_\odot$ 的夹角为 θ。

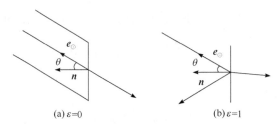

(a) $\varepsilon = 0$ (b) $\varepsilon = 1$

图 2-7　反射表面 $\varepsilon = 0$ 和 $\varepsilon = 1$ 的太阳辐射压

对于吸收表面，力 $\boldsymbol{F}_{\mathrm{abs}}$ 为

$$\boldsymbol{F}_{\mathrm{abs}} = -P_e \cos\theta A \boldsymbol{e}_\odot \tag{2-55}$$

式中，$\cos\theta A$ 为光束照在面元 A 上的有效截面。

对于反射表面，由于沿着平行于表面的冲量为零，一般情况下光压力的指向背离太阳。由于光线反射，冲量沿 $\boldsymbol{n}$ 方向传递，大小为纯吸收情况下冲量的两倍，最终所受的压力为

$$\boldsymbol{F}_{\mathrm{ref}} = -2P_\odot \cos\theta A \cos\theta \boldsymbol{n} \tag{2-56}$$

结合式(2-55)和式(2-56)可计算反射系数为 ε 的物体所受光压 $\boldsymbol{F}$。设入射辐射能量为 ΔE，吸收的剩余能量为 $(1-\varepsilon)\Delta E$，则辐射光压为

$$\boldsymbol{F} = -P_\odot \cos\theta A[(1-\varepsilon)\boldsymbol{e}_\odot + 2\varepsilon\cos\theta \boldsymbol{n}] \tag{2-57}$$

4) 潮汐模型

太阳和月球的引力对地球卫星产生直接的作用力，另外，这些力同时对地球本体也产生作用，使地球产生随时间变化的形变。固体地球的小规模周期性形变称为固体潮，海洋对日月潮摄动的响应称为海潮(潮汐)。因而，地球重力场本质上并非是静态的，而是存在小的周期性变化，这些小的周期性变化也影响着卫星的运动。

在联合旋转坐标系中，太阳和月球引力场(质量设为 M)在地球表面某点 P 的势能 U 为

$$U = \frac{GM}{|s-R|} + \frac{1}{2}n^2 d^2 \tag{2-58}$$

式中，R 和 s 分别为 P 点和潮汐产生天体的地心坐标；n 为地球关于过系统质心的轴的转动角速度；d 为 P 点到该轴的距离。

对于太阳和月球，有 $s \geqslant R$ ，式(2-58)的分母可以展开为

$$\frac{1}{|s-R|} \approx \frac{1}{s}\left(1 + \frac{R}{s}\cos\gamma - \frac{1}{2}\frac{R^2}{s^2} + \frac{3}{2}\frac{R^2}{s^2}\cos^2\gamma\right) \tag{2-59}$$

式中，γ 为 s 和 R 之间的夹角。d^2 进一步展开为

$$\begin{aligned} d^2 &= d_c^2 + R^2\cos^2\phi - 2d_c R\cos\phi\cos(\Delta\lambda) \\ &= d_c^2 + R^2\cos^2\phi - 2d_c R\cos\gamma \end{aligned} \tag{2-60}$$

式中，$d_c = Ms/(M + M_\oplus)$ ，为系统质心的地心距；ϕ 为地心纬度；$\Delta\lambda$ 为 P 点和摄动天体的东经差。

利用式(2-58)～式(2-60)和 $n^2 s^3 = G(M + M_\oplus)$ ，势能可以写成：

$$U = \frac{GM}{s}\left(1 + \frac{1}{2}\frac{M}{M+M_\oplus}\right) + \frac{GMR^2}{2s^3}(3\cos^2\gamma - 1) + \frac{n^2 R^2}{2}\cos^2\phi \tag{2-61}$$

式中，等号右端第一项为常值项；第二项为潮汐势 U_2 ，是二次带谐项，导致等势线形变为一个扁长形轴对称椭圆体，与月球或太阳方向平行，其振幅正比于 GM/s^3 ，因此月球潮汐比太阳潮强两倍；第三项为关于过地心且与轨道面垂直的轴的旋转势，它给地球赤道增加了一个小的永久的隆起，这和地球自转引起的赤道突起相似，但是由于 $n^2 = \omega_\oplus^2$ ，其量级小得多。依照 U_2 对 $\cos^2\gamma$ 相关性，潮汐加速度主周期约为半天，这里 $\cos^2\gamma$ 是 $\cos^2(2\lambda)$ 的函数。

潮汐势本质上导致地球的弹性形变。数学上可以用潮汐势 U_2 和其导致的摄动引力势 U_T 之间的关系来表述，两势能之比为勒夫(Love)系数 $\kappa \approx 0.3$ 。刚体的 Love 系数接近零。因为潮汐势是个二阶谐函数，所以摄动引力势要除以 r^3 ，即

$$U_T = \frac{1}{2}\kappa\frac{GMR_\oplus^5}{s^3 r^3}(3\cos^2\gamma - 1) \tag{2-62}$$

然而地球仅在一阶近似下为弹性体。偏离弹性潮汐响应是由于陆地上流体(如地球内核和海洋)与速率相关的特性，以及摩擦，即能量在物质中的耗散。后者引起了潮汐突起相对于太阳和月球位置的相位延迟。潮汐引起的形变势具有很多不同的周期，这是因为角 γ 取决于太阳和月球相对于自转地球的位置。此外，潮汐位随 $1/s^3$ 变化，相应地，太阳和月球轨道的偏心率变化会导致月周期和年周期。

采用和静态地球引力场类似的球谐函数对潮汐引力势进行展开，可以计算日月固体

地球潮引起的卫星轨道摄动。实际应用中，未规则化地球重力势系数的时间相关修正为

$$\begin{Bmatrix} \Delta C_{nm} \\ \Delta S_{nm} \end{Bmatrix} = 4k_n \left(\frac{GM}{GM_\oplus} \right) \left(\frac{R_\oplus}{s} \right)^{n+1} \sqrt{\frac{(n+2)(n-m)!^3}{(n+m)!^3}} P_{nm}(\sin\phi) \begin{Bmatrix} \cos(m\lambda) \\ \sin(m\lambda) \end{Bmatrix} \tag{2-63}$$

式(2-63)可分别对太阳和月球计算，其中k_n为n阶Love系数，ϕ、λ分别为摄动天体的地固坐标系纬度和经度。地球潮汐导致的卫星加速度至少以$1/r^4$下降，对低轨卫星任务，需要根据精度要求，选择合适的力模型。

通过对上述模型的综合应用，可以构建目标的运动方程组，进而利用数值方法进行求解，得到目标的未来运动状态。

2. 基于数据驱动的目标预测方法

随着人工智能技术的发展，基于数据驱动的目标预测方法逐渐成为热点。数据驱动的方法不依赖于物理模型，而是通过机器学习算法从历史数据中学习目标的运动规律，如高斯混合模型(Gaussian mixture model，GMM)、高斯过程、支持向量机等。本小节对这三类方法的原理进行简要介绍。

1) 高斯混合模型

高斯混合模型是常用于聚类和密度估计的概率模型，通过多个高斯分布的加权和来拟合数据分布。其数学表达式为

$$p(x) = \sum_{k=1}^{K} \pi_k \mathcal{N}(x \,|\, \mu_k, \Sigma_k) \tag{2-64}$$

式中，π_k是第k个高斯分布的权重；μ_k和Σ_k分别是第k个高斯分布的均值和协方差矩阵。

GMM可以通过最大期望值法(expectation maximization，EM)进行参数估计，从而实现对目标运动状态的预测，具体步骤如下。

(1) 初始化参数π_k、μ_k和Σ_k；

(2) 计算每个样本属于第k个高斯分布的后验概率：

$$\gamma(z_{ik}) = \frac{\pi_k \mathcal{N}(x_i \,|\, \mu_k, \Sigma_k)}{\sum_{j=1}^{K} \pi_j \mathcal{N}(x_i \,|\, \mu_j, \Sigma_j)} \tag{2-65}$$

(3) 更新参数：

$$\pi_k = \frac{1}{N} \sum_{i=1}^{N} \gamma(z_{ik}) \tag{2-66}$$

$$\mu_k = \frac{\sum_{i=1}^{N} \gamma(z_{ik}) x_i}{\sum_{i=1}^{N} \gamma(z_{ik})} \tag{2-67}$$

$$\boldsymbol{\Sigma}_k = \frac{\displaystyle\sum_{i=1}^{N} \gamma(z_{ik})(x_i - \mu_k)(x_i - \mu_k)^{\mathrm{T}}}{\displaystyle\sum_{i=1}^{N} \gamma(z_{ik})} \tag{2-68}$$

2) 高斯过程

高斯过程回归(Gaussian process regression，GPR)是高斯过程在回归问题中的应用。它通过假设被估计的目标函数是一个高斯过程，来表征输入与输出之间的关系。在给定一组训练数据后，GPR 可以通过高斯过程的先验概率推导出后验概率，从而进行序列预测。

假设 GPR 的输出 y_* 服从正态分布，其均值为 $\hat{y}_*$，方差为 $\sigma_{y_*}^2$，则其概率密度函数如下所示：

$$y_* \sim \mathcal{N}(\hat{y}_*, \sigma_{y_*}^2) \tag{2-69}$$

式中，$\hat{y}_*$ 为预测值的均值，$\hat{y}_* = \boldsymbol{k}(x_*, X)^{\mathrm{T}} \boldsymbol{K}(X, X)^{-1} \boldsymbol{y}$；$\sigma_{y_*}^2$ 为预测值的方差，$\sigma_{y_*}^2 = k(x_*, x_*) - \boldsymbol{k}(x_*, X)^{\mathrm{T}} \boldsymbol{K}(X, X)^{-1} \boldsymbol{k}(x_*, X)$。

这里，$\boldsymbol{k}(x_*, X)$ 是预测点 x_* 与训练集样本 X 的协方差向量；$\boldsymbol{K}(X, X)$ 是训练集样本 X 之间的协方差矩阵(包含噪声方差 $\sigma^2 I$)；$\boldsymbol{K}(X, X)^{-1}$ 是协方差矩阵的逆矩阵；$\boldsymbol{y}$ 是训练集的输出值；$k(x_*, x_*)$ 是预测点 x_* 与自身的协方差。

高斯过程通过计算训练数据和测试数据的协方差，进行贝叶斯推断，从而实现目标的运动状态预测。高斯过程模型的关键在于选择合适的协方差函数，如线性协方差函数、多项式协方差函数、径向基函数等。

3) 支持向量机

支持向量机是一种监督学习模型，适用于分类和回归任务。其基本思想是通过最大化分类间隔来构建最优分类面。对于回归问题，SVM 的目标是找到一个最优的函数 $f(x)$，使得所有训练数据点都落在 ε-不敏感管内：

$$\min_{w,b} \quad \frac{1}{2} \boldsymbol{w}^{\mathrm{T}} \boldsymbol{w} + C \sum_{i=1}^{N} (\xi_i + \xi_i^*)$$
$$\text{s.t.} \begin{cases} y_i - (\boldsymbol{w}^{\mathrm{T}} \boldsymbol{x}_i + b) \leqslant \varepsilon + \xi_i \\ (\boldsymbol{w}^{\mathrm{T}} \boldsymbol{x}_i + b) - y_i \leqslant \varepsilon + \xi_i^* \end{cases} \tag{2-70}$$

式中，$\boldsymbol{w}$ 和 b 是待求参数；ξ_i 和 ξ_i^* 是松弛变量；C 是惩罚参数。

通过求解上述优化问题，SVM 可用于预测目标的运动状态。在实际应用中，SVM 也需要选择合适的核函数，如线性核、径向基核、多项式核等，以适应不同的数据分布特性。

3. 模型和数据混合驱动的方法

在实际应用中，单一的方法往往难以适应复杂的探测任务，因此，结合模型驱动和数据驱动的方法进行综合预测是一种有效的策略。

1) 融合模型的建立

通过将物理模型和数据驱动模型进行融合，构建一个综合预测模型。例如，可以使用物理模型的输出作为数据驱动模型的输入，或者通过加权平均的方式融合两种模型的预测结果。假设物理模型预测结果为 $x_p(t)$，数据驱动模型预测结果为 $x_d(t)$，则 α 综合预测结果可以表示为

$$x(t) = \alpha x_p(t) + (1-\alpha)x_d(t) \tag{2-71}$$

式中，α 为权重系数，可通过优化算法进行调整，以达到最佳预测效果。

2) 算法的优化

在融合模型的基础上，通过优化算法，如粒子滤波、卡尔曼滤波(Kalman filter)等进一步提高预测精度。粒子滤波通过样本集表示状态分布，适用于非线性和非高斯系统。其基本步骤包括：初始化粒子、计算权重、重采样粒子、预测新状态等，其计算过程为

$$p(x_t \mid z_{1:t}) \approx \sum_{i=1}^{N} w_t^i \delta(x_t - x_t^i) \tag{2-72}$$

式中，x_t^i 为第 i 个粒子的状态；w_t^i 为其权重。

卡尔曼滤波属于时域滤波设计理论，它适用于线性模型和非线性模型(平稳信号和非平稳信号均可)。其模型可以分为连续卡尔曼滤波和离散卡尔曼滤波两种形式。离散卡尔曼滤波是以最小均方误差为准则的最佳线性滤波，其信号模型是离散线性系统的状态方程、观测方程及其统计特性假设。

对于线性模型，如果设 s_k 表示 k 时刻的 M 维状态信号矢量，x_k 表示 k 时刻的 N 维观测信号矢量，则其系统的状态方程和观测方程可以分别表示为

$$s_k = \boldsymbol{\Phi}_{k,k-1}\boldsymbol{s}_{k-1} + \boldsymbol{\Gamma}_{k-1}\boldsymbol{w}_{k-1}$$

$$\boldsymbol{x}_k = \boldsymbol{H}_k\boldsymbol{s}_k + \boldsymbol{n}_k, \quad k = 1,2,\cdots$$

式中，$\boldsymbol{\Phi}_{k,k-1}$ 为系统从 $k-1$ 时刻到 k 时刻的 $M \times M$ 维一步状态转移矩阵；$\boldsymbol{w}_{k-1}$ 为系统 $k-1$ 时刻的 L 维扰动噪声矢量；$\boldsymbol{\Gamma}_{k-1}$ 为系统 $k-1$ 时刻的 $M \times L$ 维系统控制矩阵；$\boldsymbol{H}_k$ 为系统 k 时刻的 $N \times M$ 维观测矩阵；$\boldsymbol{n}_k$ 为系统 k 时刻的 N 维观测噪声矢量。

为了导出离散卡尔曼滤波的公式，需要对信号模型作统计特性描述：①扰动噪声矢量 $\boldsymbol{w}_k$ 是零均值的白噪声随机序列，即有 $E[\boldsymbol{w}_k] = \boldsymbol{\mu}_{w_k} = \boldsymbol{0}$ 和 $E[\boldsymbol{w}_j\boldsymbol{w}_k^T] = \boldsymbol{C}_{w_k}\delta_{jk}$；②观测噪声矢量 $\boldsymbol{n}_k$ 是零均值的白噪声随机序列，即有 $E[\boldsymbol{n}_k] = \boldsymbol{\mu}_{n_k} = \boldsymbol{0}$ 和 $E[\boldsymbol{n}_j\boldsymbol{n}_k^T] = \boldsymbol{C}_{n_k}\delta_{jk}$；③扰动噪声矢量 $\boldsymbol{w}_k$ 与观测噪声矢量 $\boldsymbol{n}_k$ 是互不相关的，即有 $\boldsymbol{C}_{w_jn_k} = \boldsymbol{0}$；④系统初始状态($k=0$)的状态矢量 $\boldsymbol{s}_0$ 的均值矢量 $E[\boldsymbol{s}_0] = \boldsymbol{\mu}_{s_0}$ 和协方差矩阵 $\boldsymbol{C}_{s_0} = E\left[(\boldsymbol{s}_0 - \boldsymbol{\mu}_{s_0})(\boldsymbol{s}_0 - \boldsymbol{\mu}_{s_0})^T\right]$ 均已知。

基于以上统计假设和正交投影原理，可以获得线性离散系统状态矢量的最佳线性滤波的一组递推算法公式，分别如下。

状态一步预测均方误差矩阵：$\boldsymbol{M}_{k|k-1} = \boldsymbol{\Phi}_{k,k-1}\boldsymbol{M}_{k-1}\boldsymbol{\Phi}_{k,k-1}^T + \boldsymbol{\Gamma}_{k-1}\boldsymbol{C}_{w_{k-1}}\boldsymbol{\Gamma}_{k-1}^T$。

状态滤波增益矩阵：$\boldsymbol{K}_k = \boldsymbol{M}_{k|k-1}\boldsymbol{H}_k^{\mathrm{T}}(\boldsymbol{H}_k\boldsymbol{M}_{k|k-1}\boldsymbol{H}_k^{\mathrm{T}} + \boldsymbol{C}_{n_k})^{-1}$。

状态滤波均方误差矩阵：$\boldsymbol{M}_k = (\boldsymbol{I} - \boldsymbol{K}_k\boldsymbol{H}_k)\boldsymbol{M}_{k|k-1}$。

状态滤波矢量：$\hat{\boldsymbol{s}}_k = \boldsymbol{\Phi}_{k,k-1}\hat{\boldsymbol{s}}_{k-1} + \boldsymbol{K}_k(\boldsymbol{x}_k - \boldsymbol{H}_k\boldsymbol{\Phi}_{k,k-1}\hat{\boldsymbol{s}}_{k-1})$。

状态一步预测矢量：$\hat{\boldsymbol{s}}_{k+1|k} = \boldsymbol{\Phi}_{k+1,k}\hat{\boldsymbol{s}}_k$。

递推算法初始状态：$\hat{\boldsymbol{s}}_0 = E(\boldsymbol{s}_0) = \boldsymbol{\mu}_{s_0}$，$\boldsymbol{M}_0 = E\left[(\boldsymbol{s}_0 - \boldsymbol{\mu}_{s_0})(\boldsymbol{s}_0 - \boldsymbol{\mu}_{s_0})^{\mathrm{T}}\right] = \boldsymbol{C}_{s_0}$。

根据以上一组递推滤波算法，给出卡尔曼滤波的计算回路框图，如图 2-8 所示。

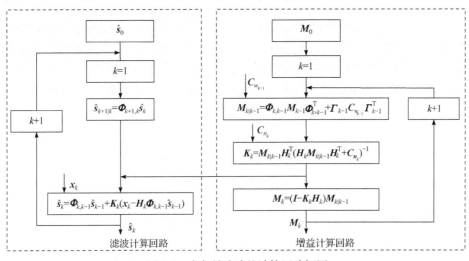

图 2-8　卡尔曼滤波的计算回路框图

课件

如果把信号模型及其统计特性约束放宽，如信号模型为非线性模型，统计特性为非高斯等，则可以进一步研究扩展卡尔曼滤波(extended Kalman filter)问题，此处从略。

空间目标的运动状态预测是航天探测领域中的关键技术。基于模型驱动和数据驱动的目标预测方法各有优缺点，通过将两者结合，可以在复杂的空间环境中实现更高精度的预测。随着大数据和深度学习技术的发展，目标预测方法将进一步优化和完善，为航天探测任务提供更强有力的支持。

2.2.3　深度学习算法原理

深度学习(deep learning，DL)算法被逐步应用到空间目标探测任务中，本小节简要介绍几种常用的深度学习模型：卷积神经网络、循环神经网络、长短时记忆网络等。

1. 卷积神经网络

卷积神经网络(convolutional neural network，CNN)的核心思想是受到生物视觉系统的启发，旨在模仿人类视觉的处理机制，已在图像识别、目标检测、图像生成等领域取得了巨大进展。CNN 的核心组件包括卷积层、激活函数、池化层和全连接层等，本小节将具体介绍这几部分。

1) 卷积层

通常情况下，卷积是对两个实函数进行特定的数学计算，为了更好地引出卷积的定义，参考以下例子：假设使用激光传感器追踪一艘宇宙飞船的位置，该传感器输出一个实值函数 $x(t)$，表示在 t 时刻飞船的位置。然而，激光传感器受到噪声干扰，为获得低噪声的位置估计，对测量结果进行加权平均，其中时间上越近的测量结果，权重越高。使用加权函数 $w(\tau)$，其中 τ 表示时间间隔，可以实现加权平均，从而得到平滑估计函数 $s(t)$：

$$s(t) = \int x(t)w(t-\tau)\mathrm{d}\tau \tag{2-73}$$

式中，w 必须满足概率密度的性质，否则输出不是加权平均。在深度学习的术语中，上例中的函数 $x(t)$ 通常称为输入，$w(t-\tau)$ 称为核函数或卷积核，输出通常称为特征映射。

计算机在处理数据时，时间会被离散化，内置传感器会在给定时间间隔内定期返回数据，此时只能取整数值。假设 x 和 w 都定义在整数时刻 t 上，那么离散形式卷积的定义为

$$s(t) = (x*w)(t) = \sum_{a=-\infty}^{\infty} x(a)w(t-a) \tag{2-74}$$

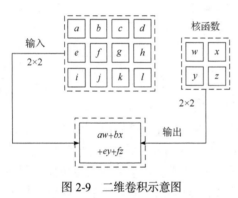

在机器学习应用中，输入数据通常表现为多维数组形式，而核函数则是通过学习算法优化得出的多维数组参数。将这些多维数组称为张量。为了简化操作，通常假设在有限个数值点集之外，这些函数的值均为零。此假设使得在实际操作中，能够通过对有限数组元素的求和实现无限求和的效果。二维卷积示意图如图 2-9 所示。例如，将二维图像 I 作为输入，定义二维的核函数 K，m、n 分别是该图像像素矩阵的行数和列数：

图 2-9　二维卷积示意图

$$S(i,j) = (I*K)(i,j) = \sum_m \sum_n I(m,n)K(i-m,j-n) \tag{2-75}$$

通常情况下，由于 m、n 的有效取值范围较小，式(2-75)在机器学习的库中实现更为简单。

卷积层是 CNN 的核心，从输入数据中通过卷积操作提取特征。卷积操作是用卷积核(滤波器)在输入数据上滑动，计算卷积核与输入数据的点积，从而生成特征映射。

2) 激活函数

在 CNN 中，激活函数的主要目的是引入非线性元素，使网络具备学习和表示复杂模式与特征的能力。若网络中未使用激活函数，则仅能实现一系列线性变换的叠加，不论网络层数多深，本质上仍只能表现为线性模型。这种线性性质极大地限制了网络的表达能力，使其无法有效获取数据中的复杂非线性关系。具体而言，激活函数在网络训练过程中，通过其非线性导数对误差反向传播算法的有效实施起到至关重要的作用。非线性

导数能够有效地调整每一层的权重，使网络可以逐步收敛到更优的状态。因此，通过在每一层卷积或全连接操作之后应用适当的激活函数，能够显著增强网络对非线性特征的学习能力，从而提升模型的整体性能。激活函数的种类很多，下面介绍几种常见的激活函数。

(1) Identity 激活函数。

Identity 激活函数在一些潜在行为近似为线性的任务中是适用的，但 Identity 激活函数不能提供非线性映射。当多层神经网络使用 Identity 激活函数时，整个网络的功能等同于一个单层模型的功能。其数学表达式为

$$f(x) = x, f'(x) = 1 \tag{2-76}$$

(2) Step 激活函数。

Step 激活函数更倾向于理论上的探讨而非实际应用，它模拟了生物神经元的全特性或无特性。然而，该函数无法有效应用于神经网络中，这是因为其导数是一种广义函数，在数学上也称为狄拉克(Dirac)测度。Step 激活函数在零点以外均为 0(且在零点处导数为无穷大)，这导致了基于梯度的优化方法不可行。其数学表达式为

$$f(x) = \begin{cases} 1, x > 0 \\ 0, x < 0 \end{cases}, f'(x) = \delta(x) = \begin{cases} 0, x \neq 0 \\ \infty, x = 0 \end{cases} \tag{2-77}$$

(3) Sigmod 激活函数。

Sigmoid 激活函数是一种单调连续的激活函数，其输出范围被限制在(0,1)。这种特性使其在稳定优化过程中表现良好，因此常用于神经网络的输出层。此外，Sigmoid 激活函数的导数计算较为简便。但由于其软饱和性质，当输入值落入饱和区时，梯度接近于零。根据反向传播算法中的链式法则，这种情况容易导致梯度消失问题。同时，Sigmoid 激活函数在计算过程中涉及幂运算，计算复杂度相对较高，导致其运算速度较慢，进而对模型训练造成不利影响。其数学表达式为

$$f(x) = \delta(x) = \frac{1}{1 + e^{-x}}, f'(x) = \frac{e^{-x}}{(1 + e^{-x})^2} \tag{2-78}$$

(4) Tanh 激活函数。

相较于 Sigmoid 激活函数，Tanh 激活函数具有更快的收敛速度。Tanh 激活函数以零为中心，而 Sigmoid 激活函数则不具备此特性。尽管两者在特性上有所差异，但这两种激活函数在梯度消失问题上的表现类似，均容易因饱和性而导致梯度消失。加之由于 Tanh 激活函数包含幂运算，因此计算复杂度较高，运算速度较慢。其数学表达式为

$$f(x) = \text{Tanh}(x) = \frac{e^x - e^{-x}}{e^x + e^{-x}}, f'(x) = 1 - \text{Tanh}^2(x) \tag{2-79}$$

(5) ReLU 激活函数。

ReLU 激活函数具有快速收敛的特点，可以看作是 Step 激活函数的积分。与 Sigmoid 激活函数和 Tanh 激活函数不同，ReLU 激活函数中不涉及幂运算，从而降低了计算复杂度，计算更加简便。当输入 $x \geq 0$ 时，ReLU 激活函数的导数为常数，这有效缓解了梯度

消失问题；当输入 $x<0$ 时，ReLU 激活函数的梯度始终为零，这赋予了神经网络稀疏表达的能力。可以看出，ReLU 激活函数的输出并非以零为中心，因此存在神经元坏死现象，即某些神经元可能永远不会被激活，导致相应参数无法更新，并且 ReLU 激活函数不能避免梯度爆炸问题。其数学表达式为

$$f(x)=\begin{cases}0, x<0\\x, x\geqslant0\end{cases}, f'(x)=\begin{cases}0, x<0\\1, x\geqslant0\end{cases} \tag{2-80}$$

激活函数需根据具体任务和数据特点来选择。Sigmoid 激活函数和 Tanh 激活函数因梯度消失问题在深度学习模型中使用较少，ReLU 激活函数及其变种因计算简单和收敛速度快而广泛应用于深度学习模型中。每种激活函数都有各自的优缺点，需根据实际需求灵活选择和调整。

3) 池化层

卷积网络中一个典型层包含三级。在第一级中，这一级并行地计算多个卷积产生一组线性激活响应；在第二级中，每一个线性激活响应将会通过一个非线性的激活函数，如线性整流激活函数，这一级有时也被称为探测级；在第三级中，使用池化函数来进一步调整这一层的输出。池化层用于降低特征映射的维度，减少计算量和内存消耗。常用的池化操作包括最大池化和平均池化，如图 2-10 所示。

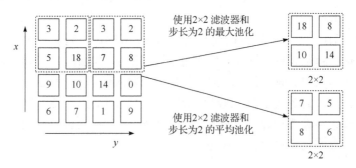

图 2-10 池化运算的示意图

由池化运算的示意图可知，两种池化操作可以在提取特征的同时对输入进行降维，因此池化层在卷积神经网络中起着关键作用。

4) 全连接层

全连接层在卷积神经网络中起到分类器的作用。卷积层、池化层和激活函数等操作将原始数据映射到隐藏层特征空间，而全连接层则将学到的分布式特征表示映射到样本标记空间。在 CNN 的最后，会将提取到的高层次特征展平，并通过全连接层进行分类或回归任务。

2. 循环神经网络

循环神经网络(recurrent neural network, RNN)起源于 1982 年提出的霍普菲尔德神经网络。循环神经网络在全连接神经网络的基础上，增加了对前后时序关系的处理能力，使其在处理时序相关问题时表现出色。通过在网络模型的不同部分共享权重，RNN 能够

扩展至不同类型的样本。例如，CNN 预定义的卷积核模板几乎可以处理任意大小的图片。该模型将图片划分为多个区域，并使用相同的卷积核处理每个区域，最终获得优良的处理效果。类似地，循环神经网络利用形式相似的模块处理整个序列，从而能够对长序列进行泛化，获得预期的结果。

　　基本的循环神经网络由输入层、隐藏层和输出层组成，如图 2-11(a)所示。其中，x 代表输入向量，o 代表输出向量，s 代表隐藏层，U 代表输入层到隐藏层的权重矩阵，V 代表隐藏层到输出层的权重矩阵。由于循环神经网络要记录序列中的依赖关系，因此隐藏层 s 不仅依赖于当前的输入向量 x，还取决于上一个隐藏层的值 s。权重矩阵 W 将存储隐藏层上一次的值作为这一次的输入的权重。由于 RNN 是一个链式结果，每个时间片上都存在相同的参数，因此可将 RNN 按时间线展开，如图 2-11(b)所示。

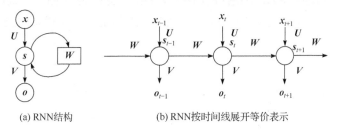

(a) RNN结构　　　　　　　　(b) RNN按时间线展开等价表示

图 2-11　RNN 按时间线展开图

　　循环神经网络最关键的一点是 s_t 的值不仅取决于输入向量 x_t，还取决于上一个隐藏层的值 s_{t-1}。隐藏层的计算公式为

$$s_t = f(U \cdot x_t + W \cdot s_{t-1}) \tag{2-81}$$

式中，U 是输入向量 x 的权重矩阵；W 是上一个隐藏层的值 s_{t-1} 作为这一次输入的权重矩阵；$f(\cdot)$ 是激活函数。输出层的计算公式为

$$o_t = g(V \cdot s_t) \tag{2-82}$$

式中，V 是隐藏层到输出层的权重矩阵；$g(\cdot)$ 是激活函数。隐藏层有两个输入，一个是 U 与 x_t 向量的乘积；另一个是上一个隐藏层输出的状态 s_{t-1} 和 W 的乘积。也就是说，上一个时刻计算的 s_{t-1} 需要缓存一下，与本次输入向量 x_t 一起计算，共同输出最后的 o_t，根据以上的方式迭代：

$$o_t = g(Vs_t) = Vf(Ux_t + Ws_{t-1}) = Vf(Ux_t + Wf(Ux_{t-1} + Wx_{t-2})) \tag{2-83}$$

从式(2-83)可以看出值 x_t, x_{t-1}, x_{t-2}, x_{t-3}, $\cdots$ 的影响，这也是循环神经网络可以向前依赖任意多个输入值的原因。当然循环神经网络的这个特点也是存在缺陷的，如果前后距离过大的值已经没有关系了，循环神经网络还考虑依赖最前面的值，势必会影响对较后面值的判断。

　　传统 RNN 还存在一些其他问题，如梯度消失和梯度爆炸问题。在训练过程中，反向传播算法的限制，循环神经网络难以有效地传播先前时间步骤的信息，导致难以学习长期依赖关系。为了解决这一问题，一些改进的 RNN 变体应运而生。

3. 长短时记忆网络

RNN 在处理时间序列数据方面具有天然优势，通过反向传播算法和梯度下降算法，实现了对错误的修正。然而，RNN 在反向传播过程中面临梯度消失和梯度爆炸问题，这些问题主要体现在时间维度上。当输入序列长度较长时，有效的参数更新变得极其困难。长短时记忆(long short-term memory，LSTM)网络作为 RNN 的一种重要变体，专门用于解决 RNN 在处理长序列时所遇到的梯度消失和梯度爆炸问题。通过引入门控机制，LSTM 能够有效地保留和传递重要信息，从而显著提高长序列处理的性能和稳定性。

由 LSTM 网络结构图 2-12 可知，LSTM 网络的每一时刻有三个输入，分别是当前时刻 LSTM 网络的输出值 x_t、上一个时刻 LSTM 网络的输出值 h_{t-1}、上一个时刻的记忆单元状态向量 c_{t-1}。相应 LSTM 网络每次有三个输出，分别是当前时刻 LSTM 网络的输出值 y_t、当前时刻 LSTM 网络的输出值 h_t 和当前时刻的记忆单元状态向量 c_t。

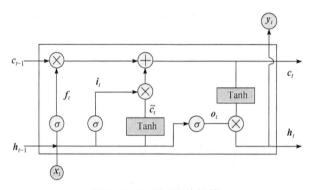

图 2-12   LSTM 网络结构

LSTM 网络的关键是单元状态，图 2-12 中贯穿其顶部的水平线，它自始至终存在于 LSTM 网络的整个链式系统中。记忆单元状态向量的计算公式为

$$c_t = f_t \odot c_{t-1} + i_t \odot \tilde{c}_t \tag{2-84}$$

式中，f_t 是 LSTM 网络的遗忘门，表示上一级的单元状态向量 c_{t-1} 的哪些特征被用于计算当前时刻的单元状态向量 c_t。f_t 是一个向量，向量的每个元素值均在 0 到 1 范围内。通常使用 Sigmoid 作为激活函数，Sigmoid 的输出也是介于 0 到 1 之间的值。遗忘门的计算公式为

$$f_t = \sigma(x_t W_x^{(f)} + h_{t-1} W_h^{(f)} + b^{(f)}) \tag{2-85}$$

LSTM 网络的输入门和单元状态更新值的计算方式为

$$\begin{cases} i_t = \sigma(x_t W_x^{(i)} + h_{t-1} W_h^{(i)} + b^{(i)}) \\ \tilde{c}_t = \mathrm{Tanh}(x_t W_x^{(g)} + h_{t-1} W_h^{(g)} + b^{(g)}) \end{cases} \tag{2-86}$$

为了计算预测值 $\hat{y}_t$ 和生成下个时间片的输入，需计算隐藏节点的输出 h_t：

$$\begin{cases} o_t = \sigma(x_t W_x^{(o)} + h_{t-1} W_h^{(o)} + b^{(o)}) \\ h_t = o_t \odot \mathrm{Tanh}(c_t) \end{cases} \tag{2-87}$$

长短时记忆网络中，重复网络模块的结构较为复杂，其主要由三个门控机制组成：遗忘门、输入门和输出门。每个门控机制分别承担不同的功能。遗忘门负责调节前一时刻的单元状态在当前时刻的保留程度，即决定哪些信息将被保留至当前时刻的单元状态中；输入门负责调节当前时刻的输入信息，保留至当前时刻的单元状态的程度，即决定新信息的引入量；输出门负责调节当前时刻的单元状态输出多少信息，即决定哪些部分的单元状态将被输出。通过这些门控机制，LSTM 网络能够有效地在长时间序列中获取和保留重要信息。

课件

2.2.4　时间序列预测算法原理

时间序列是根据时间顺序得到的一系列观测值，如卫星轨道的观测数据就是以时间序列的形式呈现的。时间序列的固有特征是相邻观测数据之间具有依赖性，基于此特性，就可以建立随机动态模型，实现预测和控制等基本应用。在空间目标探测领域，针对航天探测的时间序列数据，通过对其历史数据的分析与建模，就可以预测空间目标的运动和演化等趋势。为了更好地理解教材后面的目标预测方法，本小节介绍一些常见的时间序列预测算法及其基本原理。

1. 时间序列的定义

一般地，将按时间顺序排列的随机变量序列：

$$X_1, X_2, \cdots, X_t, \cdots \tag{2-88}$$

称为时间序列，可以记为 $\{X_t, t \in T\}$ 或 $\{X_t\}$，如果用 $x_1, x_2, \cdots, x_n$ 分别表示随机变量 $X_1, X_2, \cdots, X_N$ 的观测值，就称其为时间序列(2-88)的 N 个观测样本。如果用 $x_1, x_2, \cdots$ 表示 $X_1, X_2, \cdots$ 的依次观测值，那么就可以称 $x_1, x_2, \cdots$ 是时间序列(2-88)的一次实现。时间序列根据其数据维数可以分为一维时间序列和多维时间序列。

任何时间序列经过合理的变换后都可以表示为趋势项、周期项和随机噪声项 3 部分的叠加，即

$$X_t = T_t + S_t + R_t, \quad t = 1, 2, 3 \cdots \tag{2-89}$$

式中，T_t 表示趋势项；S_t 表示周期项；R_t 表示随机噪声项。

因此从时间序列中把这 3 项有效分解出来是时间序列分析的首要任务，通常称为时间序列的分解。如果从式(2-89)中分别获得趋势项 T_t 的估计量 $\hat{T}_t$，周期项 S_t 的估计量 $\hat{S}_t$，则从 X_t 中减去这两项后得到的数据就是随机噪声项的估计。一般而言，随机噪声部分通常具有某种平稳性(如广义平稳)，具有平稳性的时间序列是时间序列分析研究的重点。

在实际空间目标探测中得到的数据只是时间序列的有限观测样本值。其主要任务就是根据观测数据的特点为数据建立尽可能合理的统计模型，利用模型的统计学特性解释数据的统计规律，从而实现预报或控制的目的。

根据时间序列分析方法的发展概况，可以将其分为两大类。一类是频域分析方法，也称为谱分析(spectral analysis，SA)方法；另一类是时域分析方法，时域分析方法主要是从时间序列自相关的角度刻画和揭示时序序列的发展演化规律。二者相较，时域分析方

法具有操作步骤规范，分析结果易于解释的优点。下文简单介绍一些常见的时间序列时域分析方法，谱分析方法这里不涉及。

2. 推移算子

由于时间序列是按时间次序排列的随机变量序列，因此为了方便对时间序列的讨论，在介绍几种常见时间序列模型之前，先介绍推移算子的基本概念。这里，对时间序列的时间指标 t 引入向后推移算子 $\mathcal{B}$。

对任何时间序列 $\{X_t\}$ 和无穷级数：

$$\psi(z) = \sum_{j=-\infty}^{\infty} b_j z^j \tag{2-90}$$

只要级数在某种意义下收敛(如依概率收敛、均方收敛)，就定义：

$$\begin{cases} \psi(\mathcal{B}) = \displaystyle\sum_{j=-\infty}^{\infty} b_j \mathcal{B}^j \\ \psi(\mathcal{B})X_t = \displaystyle\sum_{j=-\infty}^{\infty} b_j \mathcal{B}^j X_t = \sum_{j=-\infty}^{\infty} b_j X_{t-j} \end{cases} \tag{2-91}$$

并且称 $\mathcal{B}$ 是时间 t 的向后推移算子，简称为推移算子。推移算子又称为滞后算子或延迟算子。从式(2-91)可以得到推移算子 $\mathcal{B}$ 具有 6 条性质：

(1) 对和 t 无关的随机变量 Y，有 $\mathcal{B}Y = Y$。

(2) 对整数 n，常数 a，有 $\mathcal{B}^n(aX_t) = a\mathcal{B}^n X_t = aX_{t-n}$。

(3) 对整数 n、m，有 $\mathcal{B}^{n+m}X_t = \mathcal{B}^n\left(\mathcal{B}^m\right)X_t = X_{t-n-m}$。

(4) 对多项式 $\psi(z) = \displaystyle\sum_{j=0}^{p} c_j z^j$，有 $\psi(\mathcal{B})X_t = \displaystyle\sum_{j=0}^{p} c_j X_{t-j}$。

(5) 对多项式 $\psi(z) = \displaystyle\sum_{j=0}^{p} c_j z^j$，$\varphi(z) = \displaystyle\sum_{j=0}^{q} d_j z^j$ 的乘积 $A(z) = \psi(z)\varphi(z)$，有 $A(\mathcal{B})X_t = \psi(\mathcal{B})\left[\varphi(\mathcal{B})X_t\right] = \varphi(\mathcal{B})\left[\psi(\mathcal{B})X_t\right]$。

(6) 对时间序列 $\{X_t\}$、$\{Y_t\}$，多项式 $\psi(z) = \displaystyle\sum_{j=0}^{p} c_j z^j$ 和随机变量 U、V、W，有 $\psi(\mathcal{B})(UX_t + VY_t + W) = U\psi(\mathcal{B})X_t + V\psi(\mathcal{B})Y_t + W\psi(1)$。

上述 6 条性质的证明此处从略。基于此，就可以对自回归模型等进行简单讨论。

3. 三种常见时间序列模型

1) 自回归模型

自回归模型(autoregressive model，AR)假设当前的观测值是其过去观测值和随机误差项的线性函数。它适用于数据之间存在自相关性的情况。如果 $\{\varepsilon_t\}$ 是白噪声 $\mathrm{WN}(0, \sigma^2)$，实数 $a_1, a_2, \cdots, a_p (a_p \neq 0)$ 使得多项式 $A(z)$ 的零点都在单位圆外，则

$$A(z) = 1 - \sum_{j=1}^{p} a_j z^j \neq 0, \quad |z| \leqslant 1 \tag{2-92}$$

就称 p 阶差分方程:

$$X_t = \sum_{j=1}^{p} a_j X_{t-j} + \varepsilon_t, \quad t \in \mathbb{Z} \tag{2-93}$$

是一个 p 阶自回归模型,简记为 AR(p) 模型,满足 AR(p) 模型的平稳时间序列 $\{X_t\}$ 称为 AR(p) 序列,称 $\boldsymbol{a} = (a_1, a_2, \cdots, a_p)^{\mathrm{T}}$ 是 AR(p) 模型的自回归系数,条件(2-92)是稳定性条件或最小相位条件。

通常可以利用推移算子将方程(2-93)改写为

$$A(\mathcal{B})X_t = \varepsilon_t, \quad t \in \mathbb{Z} \tag{2-94}$$

设多项式 $A(z)$ 的互异根是 $z_1, z_2, \cdots, z_k$,则对于 $1 < \rho < \min\{|z_j|\}$,$A^{-1}(z) = 1/A(z)$ 是 $\{z : |z| \leqslant \rho\}$ 内的解析函数,从而可以得到由式(2-95)决定的平稳时间序列是 AR(p) 模型的唯一平稳解。证明从略。

$$X_t = A^{-1}(\mathcal{B})\varepsilon_t = \sum_{j=0}^{\infty} \psi_j \varepsilon_{t-j}, \quad t \in \mathbb{Z} \tag{2-95}$$

2) 滑动平均模型

滑动平均模型(moving-average model,MA model)假设当前的观测值是过去随机误差项的线性组合,它适用于误差项之间存在自相关性的情况。设 $\{\varepsilon_q\}$ 是 $\mathrm{WN}(0, \sigma^2)$,如果实数 $b_1, b_2, \cdots, b_q (b_q \neq 0)$ 使得

$$B(z) = 1 + \sum_{j=1}^{q} b_j z^j \neq 0, \quad |z| < 1 \tag{2-96}$$

就称式(2-97):

$$X_t = \varepsilon_t + \sum_{j=1}^{q} b_j \varepsilon_{t-j}, \quad t \in \mathbb{Z} \tag{2-97}$$

为 q 阶滑动平均模型,简称为 MA(q) 模型,同时,称由式(2-97)决定的平稳序列 $\{X_t\}$ 是滑动平均序列,简称为 MA(q) 序列。如果进一步要求多项式 $B(z)$ 在单位圆上也没有零点: $B(z) \neq 0$ 当 $|z| \leqslant 1$,就称式(2-97)是可逆的 MA(q) 模型,称相应的平稳序列是可逆的 MA(q) 序列。

在滑动平均模型中,显然可逆的 MA(q) 序列也是 MA(q) 序列。由于 MA(q) 序列是白噪声的有限滑动和,所以和 AR(p) 序列比较,数据的振荡往往会轻一些,稳定性往往要好。

3) 自回归滑动平均模型

自回归滑动平均模型(autoregressive moving-average model,ARMA model)是自回归模

型和滑动平均模型的结合，适用于数据之间存在自相关性和误差项之间存在自相关性的情况。模型形式结合了 AR 和 MA 模型的特点，设 $\{\varepsilon_t\}$ 是 $\mathrm{WN}(0,\sigma^2)$，实系数多项式 $A(z)$ 和 $B(z)$ 没有公共根，满足 $b_0 = 1, a_p b_q \neq 0$ 和

$$\begin{cases} A(z) = 1 - \sum_{j=1}^{p} a_j z^j \neq 0, & |z| \leqslant 1 \\ B(z) = \sum_{j=0}^{q} b_j z^j \neq 0, & |z| < 1 \end{cases} \tag{2-98}$$

则称差分方程:

$$X_t = \sum_{j=1}^{p} a_j X_{t-j} + \sum_{j=0}^{q} b_j \varepsilon_{t-j}, \quad t \in \mathbb{Z} \tag{2-99}$$

是一个自回归滑动平均模型，简称为 ARMA(p,q) 模型。满足式(2-98)的平稳序列 $\{X_t\}$ 为 ARMA(p,q) 序列。利用推移算子可以将式(2-99)写成:

$$A(\mathcal{B})X_i = B(\mathcal{B})\varepsilon_t, \quad t \in \mathbb{Z} \tag{2-100}$$

由于 $A(z)$ 满足最小相位条件，所以有 $\rho > 1$，使得 $A^{-1}(z)B(z)$ 在 $\{z : |z| \leqslant \rho\}$ 内解析，从而可以得出式(2-100)的唯一平稳解为

$$X_t = A^{-1}(\mathcal{B})B(\mathcal{B})\varepsilon_t = \Phi(\mathcal{B})\varepsilon_t = \sum_{j=0}^{\infty} \psi_j \varepsilon_{t-j}, \quad t \in \mathbb{Z} \tag{2-101}$$

对时间序列进行统计分析的主要目的之一是解决时间序列的预测问题。如式(2-89)所示，趋势项和周期项都可以当作非随机的时间序列进行处理，对它们的预测往往较为简单，随机噪声项一般是平稳序列，所以时间序列预测问题的重点应该是平稳序列，因此又派生出系列时间序列预测方法，如常见的最佳线性预测、递推预测等。此处从略，读者可以进一步查阅其他文献。

课件

习　题

2.1　简述空间目标探测的两种主要模式的技术原理，并对比分析每种模式的优缺点。

2.2　地基无线电探测的基本原理是什么？

2.3　地基光电探测系统由哪几个子系统组成？每个子系统的主要功能是什么？

2.4　天基可见光探测分为主动式和被动式两种模式，请简述两者的主要区别。

2.5　红外探测技术的优点有哪些？简述被动式红外探测系统的工作原理。

2.6　复合探测技术是如何提高探测系统的性能和可靠性的？请列举至少两种数据融合的方法。

2.7　在航天智能探测任务中，数据采集的主要步骤包括哪些？请描述数据预处理的基本流程。

2.8　假设你正在设计一个基于深度学习的空间目标识别系统，请描述你会如何构建这个

系统的核心部分，包括输入层、隐藏层和输出层的设计，以及可能采用的深度学习模型等。

2.9　卡尔曼滤波在空间目标跟踪中有广泛应用，请简述卡尔曼滤波的基本原理，并解释如何使用卡尔曼滤波对空间目标的运动状态进行估计和预测。

2.10　令 k 时刻目标飞行物的径向速度 $v(k) = \dot{r}(k)$，方位角的变化率为 $\dot{\theta}(k)$，假设这两个物理量均受到时变扰动。现在以等时间间隔 T 对目标的距离 r 和方位角 θ 进行直接测量。①请写出该运动目标飞行物的离散状态方程和观测方程；②请写出该问题的状态滤波和状态一步预测公式。

第 3 章

地基探测原理

3.1 地基探测体制

与天基探测系统和海基探测系统相比，地基探测系统发展时间更长、技术更为成熟。按照探测原理的不同，本节将地基探测系统分为光学探测系统和无线电探测系统。雷达是典型的无线电探测系统，本节将对其进行简要介绍。在此基础上，概述地基探测相关概念和技术。

3.1.1 地基光学探测

1. 地基光学探测系统概述

地基光学探测系统作为地基航天测控网络不可或缺的核心组成部分，依托先进的光学成像技术，精准捕获并收集来自空间目标的光学信号。这些原始数据经过精密的图像处理与算法分析后，被高效转化为空间目标的精确位置坐标、方位角、瞬时速度和形状轮廓等关键参数信息。尽管与地基无线电探测系统相比，地基光学探测系统的有效探测距离相对较短，且其性能在极端天气条件下可能受到一定影响，但它却以其卓越的测量精度、直观的结果展示和长期稳定的运行表现脱颖而出。

地基光学探测系统的核心功能有①位置和速度测量：实现对空间目标的高精度位置与速度追踪，为航天器的精确导航与控制提供关键数据支持。②目标识别：基于目标的独特外形特征与光学特性，有效识别并区分不同类型的空间物体，如卫星、空间站和空间碎片等。③轨迹跟踪：连续、不间断地监测并记录空间目标的运动轨迹，为分析其轨道特性、预测未来位置提供重要依据。④姿态分析：精确测定航天器的姿态角和方向变化，评估其姿态控制系统的性能与稳定性，确保航天器能够按照预定姿态执行任务。⑤状态监控：全面监测空间目标的健康状态和潜在异常行为，如性能衰退、故障预警等，为航天器的在轨维护与安全管理提供实时信息。

地基光学探测系统以其独特的优势与强大的功能，在航天测控领域发挥着不可替代的作用，为保障航天任务的成功执行与空间资源的有效利用提供了坚实的技术支撑。

1) 弹道和轨道测量

在运载火箭或导弹的发射过程中，高精度地基光学探测系统发挥着核心作用。它们不间断地监测飞行体，并精确捕捉和记录其在空中的每个位置和瞬时速度数据。通过复杂的算法处理这些数据，可以绘制出详细的弹道轨迹图。这不仅能直观展示飞行体的运动路径，还为评估飞行性能、导航系统的准确性和控制系统的响应效率提供了重要的数据支持。这对于优化导弹设计、提高运载火箭发射成功率和加强国防能力具有重要意义。

对于已经进入轨道并持续运行的航天器(如卫星和空间站)，地基光学探测系统通过定期和细致地观测，构建出空间目标的三维运行模型。该系统能高精度地获取航天器的位置、速度矢量和姿态信息。通过分析累积的观测数据，可以精确计算出轨道参数，如半长轴、偏心率和轨道倾角等关键指标。这个过程确保航天器能够严格遵循预定轨道运行，有效避免了碰撞风险，保证了太空资产的安全。

此外，基于地基光学探测系统提供的详细数据，控制中心能够及时发现并预测航天器轨道的微小偏移，为必要的轨道修正提供科学依据，确保航天器能够长期稳定地执行其预定任务。这不仅提高了航天任务的可靠性和成功率，也为后续的空间探索、通信中继、地球观测等应用奠定了坚实的基础。

2) 飞行实况记录

利用地基光学设备，可通过光学成像技术实时捕捉和记录空间目标在飞行过程中的影像和轨迹，具体功能如表 3-1 所示。

表 3-1　地基光学探测系统用于飞行实况记录

光学设备功能分类	光学设备作用的具体内涵
实时影像记录	地基光学探测系统通过高分辨率摄像设备，对飞行器的整个飞行过程进行连续拍摄和记录。这些影像可以提供直观的视觉数据，展示飞行器的状态和运动轨迹。通过这些详细的影像资料，不仅可以直观地观察到飞行器的外观形态和动态变化，还可以辅助分析飞行器的飞行性能和行为特征，为飞行器的设计优化和任务规划提供宝贵的信息
飞行事件记录	在飞行过程中，地基光学探测系统能够记录飞行器的各种关键事件，如分离、点火、变轨等重要动作。这些记录对后续的飞行过程分析和性能评估极为重要，能够帮助研究人员深入了解飞行器的行为特征，并为未来的任务规划和设计优化提供宝贵的参考信息
数据存储与回放	所有记录的影像和数据都被妥善存储起来，可以在飞行任务结束后进行详细分析和回放。这对于调查飞行器的性能、分析潜在故障的原因和改进未来的飞行任务提供了宝贵的参考资料

3) 物理特性参数测量

地基光学探测系统用于物理特性参数测量是指通过地基光学设备，利用光学成像和分析技术，获取和分析空间目标的物理特性，具体功能如表 3-2 所示。

表 3-2　地基光学探测系统用于物理特性参数测量

物理特性参数类别	地基光学探测系统用于物理特性参数测量的内涵
形状和结构分析	地基光学探测系统通过成像技术，捕捉空间目标的外观和轮廓，从而分析其形状和结构特征。这可以帮助识别和分类目标，如区分不同类型的卫星或空间碎片

物理特性参数类别	地基光学探测系统用于物理特性参数测量的内涵
表面特性测量	通过高分辨率成像，地基光学探测系统可以获取空间目标表面的细节信息，如颜色、纹理和反射率。这些信息对于分析空间目标的材料组成和表面状态非常重要
运动特性分析	地基光学探测系统可以通过连续观测，记录空间目标的旋转、振动等运动特性。这些数据有助于了解空间目标的动态行为和稳定性
光谱分析	利用光谱成像技术，地基光学探测系统可以获取空间目标反射或发射的光谱信息，从而推断空间目标的化学组成和温度等物理参数
大小和质量估算	通过精确的光学测量，结合已知的物理模型，地基光学探测系统可以估算空间目标的大小和质量。这对于空间目标的识别和分类具有重要意义

2. 地基光学探测系统发展历程

早期的光学测量依赖于照相法。随着科技的进步，20 世纪 90 年代末期转向 CCD 技术。这一转变显著提升了仪器性能，特别是在观测亮度、追踪效率和测量精确度方面，使光学追踪技术发生了质的飞跃。

在地基光学探测系统追踪空间目标时，首要考虑的是光照条件。目标能否被光学探测设备检测到取决于是否满足三个条件：一是目标在探测器上的成像必须具有一定大小；二是目标在靶面上的照度大于探测器的性能；三是目标和背景具有足够的对比度，满足信号检测和处理的要求。由于目标不自发光，必须依靠太阳照射，光电望远镜通过接收反射光(可见光或红外光)进行测量。然而，光电观测无法全时段使用，目标处于阴影或观测站处于白昼时均无法进行观测。目前，尽管通过使用滤光片减少日间背景辐射或选择低背景辐射红外波段的新技术，在光照条件下提高了观测的可能性，但仍对目标亮度有严格要求，因此很少在白昼实施观测。

光电望远镜的结构包括机架、镜筒、探测器、控制采集与数据记录组件。追踪时，计算机根据预测的目标位置计算引导参数，驱动系统追踪目标，采集 CCD 图像，并同步记录码盘和时标，综合得出轴系定位。在天文定位中，还需确定背景星的位置，并结合目标与参考星的相对位置和绝对位置，计算出目标的赤道坐标。

不同类型的望远镜记录的数据各异。地平定位系统记录方位和仰角，而天文定位系统记录赤经和赤纬。望远镜的追踪效能与 CCD 图像的信噪比密切相关。性能提升的途径包括增加望远镜口径、延长曝光时间和优化图像处理技术。

卫星激光测距(satellite laser ranging，SLR)始于 1964 年 NASA 对 Beacon-B 卫星的跟踪试验。此后，激光测量技术不断发展，SLR 的测量精度从早期的数米提升至如今的几毫米。此外，越来越多的卫星安装了激光反射镜用于激光测距。目前，全球已有超过 40 个激光测控站参与卫星激光测距工作。经过 60 年的发展，激光测距技术不仅用于卫星测距，还扩展应用于月球测距。积累的激光测距数据对天文地球动力学、地月科学、月球物理学和引力理论等领域的研究具有重要价值。

激光在真空中的传播速度恒定，通过测量激光发射与接收时间的差异，可以精确测量两者之间的距离，这就是激光测距。根据激光传播时间测量方式的不同，激光测距可分为相位测距和脉冲测距两种方式。相位测距利用无线电频段的频率对激光束进行幅度调制，并测定调制光往返一次所产生的相位延迟，然后根据调制光的波长，计算出相位延迟所对应的距离。然而，相位测距在实际测量中存在整周期相位变化无法确定的问题，即模糊度问题。脉冲测距的原理是测距仪发出激光束，经测量目标反射后再由测距仪接收，通过记录激光的往返时间实现距离测量。脉冲测距的具体过程：测距仪发出激光脉冲，并通过望远镜发射，激光脉冲被反射镜反射后，再由望远镜接收反射脉冲。高速光电探测器可以在 20ps 的时间精度内进行计数，折合为单程精度约为 3mm。典型的脉冲激光测距波长为 532nm。在脉冲测距中，距离计数器的开门信号为激光主波采样信号，关门信号为激光回波信号，通过距离计数器在开、关门信号之间的计数值，计算出激光脉冲的往返传播时间，从而得出距离。

　　图 3-1 为相位式激光测距基本原理图，本质是测量激光发射与接收时刻的相位差，再通过波长将相位差转换为距离，最后结合模糊度，获取激光往返的距离。相位式激光测距仪一般应用在精密测距中，其精度一般可达毫米量级。

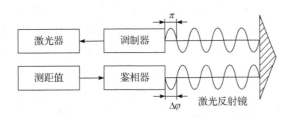

图 3-1　相位式激光测距基本原理图

　　在 SLR 测量中，为了减少散射引入的误差，通常使用标准点数据，这是对一定时间范围内的多个测距值进行平均，将使 SLR 的均方根差值降低为四分之一。

　　影响激光测距精度的误差源包括以下几个方面：脉冲测距测量的是往返光行时，与计数器的时间分辨率相关，如果计数器的计时误差为 $\Delta\tau$，那么其测量误差为 $c\cdot\Delta\tau$；激光脉冲前沿具有一定的宽度，计数器开关触发点的位置变化也将引入测距误差，不同触发方式引入的误差也不同；激光脉冲在空间传播过程的衰减与畸变，导致接收到的光脉冲与发射的光脉冲在幅度和形状上不一致，给严格确定光脉冲到达时刻带来困难，由此引起的误差称为漂移误差；光波穿过大气层时，大气折射也将影响其传输的路径，从而引入误差。

3.1.2　地基无线电探测

1. 地基无线电探测系统概述

　　无线电测控系统是一个综合性的技术体系，其核心组成部分包括无线电外测系统和无线电遥控与遥测系统。鉴于本书的重点在于深入探讨空间目标探测任务，后续章节将详细介绍无线电外测系统。该系统通过无线电信号实现对运载火箭、航天器等空间目标的精确跟踪与测量，旨在准确获取其弹道轨迹、运行轨道和目标特性等关键参数。

　　无线电外测系统的工作原理是基于地面发射站产生并发送无线电信号，这些信号经由天线定向发射至目标。随后，地面接收设备捕获并处理由目标直接反射或应答机转发的信号。经过复杂的信号处理流程，终端计算机能够解析并输出目标的精确距离、角度位置(包括方位角与仰角)、距离变化率等关键测量数据。该系统以其全天候作业能力、卓越的测量精度、超远距离探测范围、多样化的信息传输能力和实时数据处理与输出等特点，在航天测控领域占据核心地位。

根据工作模式的不同，无线电外测系统可分为脉冲测量系统与连续波测量系统两大类。脉冲测量系统利用短暂的无线电脉冲进行测距与测速，而连续波测量系统则通过连续发射的无线电波实现对目标的稳定跟踪与测量。雷达作为无线电探测技术的代表，其全称"无线电探测和测距"(radio detection and ranging，RADAR)诠释了它的基本原理与功能。现代雷达技术已经远远超越了简单的距离与方向测量，它能够实时监测目标的速度，并通过分析目标回波中的细微特征，提取出关于目标形状、材质、运动状态等更丰富的信息，为空间探测、气象观测、交通监控等多个领域提供了强有力的技术支持。

以典型的单基地脉冲雷达为例，脉冲雷达的基本组成框图如图 3-2 所示，主要由天线、发射机、接收机、信号处理机和终端设备等组成。雷达发射机产生辐射所需强度的脉冲功率，其波形是脉冲宽度为 τ，重复周期为 T_r 的高频脉冲串。发射机现有两种类型：一种是直接振荡式(如磁控管振荡器)，它在脉冲调制器控制下产生的高频脉冲功率被直接馈送到天线；另一种是功率放大式(主振放大式)，它是由高稳定度的频率源(频率综合器)作为频率基准，在低功率电平上形成所需波形的高频脉冲串作为激励信号，在发射机中予以放大并驱动末级功放而获得大的脉冲功率，并通过天线发射出去。功率放大式发射机的优点是频率稳定度高且每次辐射是相参的，这便于对回波信号进行相参处理，同时也可以产生各种所需的复杂脉冲波形。发射机输出的功率馈送到天线，而后经天线辐射到空间。

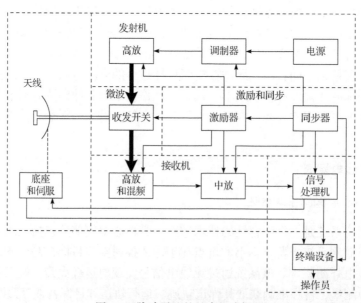

图 3-2　脉冲雷达的基本组成框图

2. 无线电探测系统发展历程

雷达技术的起源可以追溯到 20 世纪初，当时科学家开始尝试利用无线电波进行非接触式的测量。早在 1904 年，德国物理学家克里斯蒂安·胡尔维茨发明了一种名为"电动镜"的装置，这被认为是最早的雷达雏形之一，尽管它的功能相对简单，只能用于检测前方障碍物的存在。然而，真正意义上的雷达系统是在第二次世界大战期间得到迅速发展和广泛应用的。战争的紧迫需求极大地推动了雷达技术的进步，使科学家开发出能够探测飞机、船只等目标的雷达设备。这一时期，雷达的基本原理逐渐成熟，包括信号的发射、接收、处理和显示等关键技术环节。

在 20 世纪 30 年代末期，随着战争阴云的临近，各国纷纷投入大量资源进行雷达技术的研究和发展。英国在 1935 年启动了 Chain Home 项目，这是世界上第一个雷达预警系统，在第二次世界大战期间用于提前发现敌方飞机。与此同时，美国也在 1938 年开始了雷达的研发工作，并在随后的几年里取得了显著进展。雷达技术的进步不仅限于军事用途，还促进了民用航空安全系统的建立，为商业航班的安全飞行提供了保障。这一时期，雷达技术在几个关键方面得到了显著发展。首先是信号的发射，科学家开发出了能够产生高频无线电波的设备，这些波束被定向发射出去，以便覆盖特定的探测区域。其次是信号的接收，为了能够接收到反射回来的微弱信号，科学家发明了灵敏度极高的接收器。再次是信号处理，这包括对接收信号的放大、过滤和解码，以提取出有关目标位置和距离的信息。最后是显示环节，雷达操作员需要通过显示器来查看探测结果，早期的显示器通常采用阴极射线管(cathode ray tube，CRT)，能够在屏幕上显示出目标的位置和运动轨迹。

除了这些基本原理之外，雷达技术还在多个方面取得了重要进展。例如，多普勒雷达的出现使得雷达系统能够测量目标的速度；相控阵雷达的发明使得雷达能够实现电子扫描，从而快速覆盖广阔的区域；脉冲压缩技术提高了雷达的分辨率，使得雷达系统能够更准确地区分近距离内的多个目标。这些技术的进步不仅增强了雷达的性能，还扩展了雷达的应用范围。

在战争结束后，雷达技术并未停滞不前，而是继续向前发展。科学家继续深入研究雷达的工作原理，不断提升其性能指标，如探测距离、分辨率和抗干扰能力等。同时，雷达系统也开始向多样化方向发展，出现了不同类型的雷达以满足不同领域的需求。例如，气象雷达用于观测天气变化，交通雷达用于监控道路状况，而空间探测雷达则专门用于观测宇宙空间中的目标。

在空间目标无线电探测体制中，雷达更是发挥了不可替代的作用。随着航天技术的兴起，人类开始将目光投向浩瀚的宇宙空间。雷达作为一种有效的探测手段，被广泛应用于卫星跟踪、太空碎片监测、深空探测等领域。通过对雷达回波的分析，科学家能够获取到关于空间目标的精确位置、速度、形状、材质等关键信息，为空间科学研究和航天工程提供了重要支持。

进入 21 世纪，雷达技术迎来了更加迅猛的发展。随着数字信号处理、微波集成电路、相控阵技术等高新技术的不断涌现，雷达系统的性能得到了进一步提升。现代雷达不仅具有更高的探测精度和更远的作用距离，还具备了更强的多目标跟踪、识别与抗干扰能力。此外，随着人工智能、大数据等前沿技术的融合应用，雷达系统的智能化水平也在不断提高，为空间目标探测带来了更加广阔的可能性。

雷达作为空间目标无线电探测体制中的代表性设备，其发展历程不仅见证了无线电技术的飞跃与进步，也深刻影响了人类对宇宙空间的认识与探索。随着科技的不断进步和创新，雷达技术将继续在空间探测领域发挥重要作用。

3.1.3　地基测控网

我国在 20 世纪 60 年代建立了最初的航天测控系统，包括卫星测控中心和 7 个测控站，实现了从无到有的突破，成功完成了我国第一颗人造地球卫星"东方红一号"的跟踪测轨任务。70 年代，我国提出了航天测控网的概念，考虑到国情，航天测控网的建设需满足多个条件：测控设备布局适应多场区、多射向、多弹道飞行试验特点，以及不同发射倾角和不同运行轨道的卫星测控要求。最终，在已有的测控和通信能力基础上，逐步建成了布局合理、适应性强的航天测控网。90 年代初，为适应载人航天任务的需求，我国开始建设新一代航天测控网，逐步建立了陆、海基统一 S 频段测控网。

我国的地基测控网由分布在国内外的数十个测控站组成，主要使用光学测量系统、脉冲雷达测量系统、连续波干涉仪测量系统和统一 S 频段测控系统。陆基测控网的观测类型包括距离测量、距离变率测量和角度测量。海基测控网由多艘远洋测量船构成，有 4 艘测量船在服役，主要使用统一 S 频段测控系统，其观测类型包括距离、距离变率和角度测量。与陆基测控不同，海基测控在动态条件下完成，测量设备的位置和姿态不断变化，需要同步测量船的位置和姿态，并对测量数据进行修正。受限于现有测控能力和境外布站的局限，测量船在未来一段时期内仍将发挥不可替代的作用。

随着中国探月工程的推进，中国深空网(China deep space network，CDSN)的建设步伐不断加快。CDSN 由 3 个深空测控站和 1 个深空探测任务中心组成。2012 年初步建成的深空测控网包括位于新疆喀什和黑龙江佳木斯的两个国内站，2016 年完成国外站(南美站位于阿根廷内乌肯省 Bajada del Agri)。深空探测任务中心由北京航天飞行控制中心承担。喀什站天线口径为 35 米，具备 S/X 频段的测控能力；佳木斯站安装了天线口径为 66 米的天线，具备 S、X 和 Ka 频段的测控能力；南美站安装了天线口径为 35 米的测控天线，同样具备 S、X 和 Ka 三频段测控能力。值得一提的是，2012 年我国深空测控站在测试阶段就参与了"嫦娥二号"小行星探测试验，为小行星的飞越和拍照成像提供了支持。三个深空测控站组成的深空探测网将支持我国未来的载人登月、火星探测和其他深空探测任务。

中国科学院建立了主要用于天文测量的中国 VLBI 网(Chinese VLBI network，CVN)，包括上海天马(65米)、北京(50米)、昆明(40米)和乌鲁木齐(25米)4 个测站，以及位于上海的数据处理中心。该测控网组网时相当于一个综合天线口径超过 3000 千米的巨大望远镜，具有极高的角分辨率。在我国探月工程中，CDSN 和 CVN 共同完成了月球探测器的测定轨工作。

3.1.4　地基探测的发展趋势

本小节将深入探讨航天器地面智能探测设备的发展趋势，重点从地基雷达、无线电通信和光学观测三方面进行详细分析。通过这一全面的解析，可以更清晰地理解现代航天技术的支撑体系以及未来的发展趋势。

1. 地基雷达：精准探测与智能分析

地基雷达系统正向更高分辨率和更广覆盖范围发展。采用合成孔径雷达技术，地基雷达能够生成高清图像，即使在恶劣天气条件下也能准确探测航天器的位置和状态。此外，多雷达网络的建立实现了对地球静止轨道乃至深空目标的连续监测，显著扩展了地基雷达系统的探测范围。

现代地基雷达系统集成了先进的信号处理算法和机器学习模型，能够自动识别和分类不同类型的航天器，包括区分有效载荷与空间碎片。这不仅提高了目标识别的准确率，还减少了人工分析的工作量，使地基雷达系统在处理大量数据时更加高效。

面对日益复杂的电磁环境，地基雷达系统正在加强其安全防护和抗干扰能力。通过采用频率跳变和波形多样化等技术，地基雷达系统能够在电子战环境中抵御干扰，确保数据传输的安全和稳定。

2. 无线电通信：高速传输与量子加密

随着航天器科学实验设备产生的数据量急剧增加，地面无线电通信系统正不断发展高带宽、低延迟的数据传输技术。X 频段、Ka 频段以及光通信技术的应用，使地面设备能够支持从高清视频到海量科学数据的高速传输，大幅提升了数据回传效率。

为保障航天通信的安全性，地面设备正在积极探索量子通信技术的应用。量子密钥分发提供了理论上无法破解的加密方式，保护航天器与地面站之间的通信免受窃听。此外，量子纠缠技术也有望应用于远距离通信，进一步增强数据传输的安全性和可靠性。

面对复杂的通信环境，地面无线电通信系统正在开发自适应通信协议，能够根据信号质量动态调整传输参数，如数据率和编码方式等，以维持最佳的通信性能。

3. 光学观测：高精度与全天候

地面光学设备通过采用大口径望远镜和高分辨率成像技术，能够捕捉航天器及其周围环境的细节信息。激光测距和干涉测量技术的应用，使光学设备能够精确测量航天器的位置，为其轨道控制和深空导航提供关键数据。

为克服天气条件对光学观测的影响，地面设备正在探索融合可见光、红外、紫外等多种波段的观测技术，并结合大气校正算法，实现各种天气条件下对航天器的持续观测。此外，基于人工智能的图像增强技术可以从模糊或受干扰的图像中恢复清晰的航天器影像。

光学通信作为一种新兴的无线通信方式，正逐渐应用于地面设备与航天器之间的数据传输。相比传统无线电通信，光学通信具有更高的数据传输速率和更低的信号衰减，尤其适合于深空探测任务中的大数据量回传。

地基雷达、无线电测量和光学观测三大领域的技术进步，共同推动了航天器地面设备的发展，追求更高精度的探测与定位、更高速的数据传输和更安全的通信保障。这些技术创新不仅提升了现有航天任务的执行效率与安全性，还为未来的深空探索、商业航天和天基互联网等新领域开辟了广阔前景。随着科技的不断进步，地面设备将在人类探索宇宙的伟大征程中发挥更加核心和关键的作用。

3.2 地基空间目标特性分析

地基空间目标特性分析是探索空间目标属性与行为的重要手段，涵盖光学、雷达、无线电信号和轨道运动特性研究等多个方面。通过对目标反射光谱的分析，可以推断其材质与形状；雷达探测能够揭示目标的距离、速度与结构；无线电信号分析有助于了解目标的通信模式与功能；轨道运动特性研究能预测目标的运动轨迹与潜在风险。

3.2.1 电磁波特性

空间目标的电磁波特性研究对于理解空间环境、设计有效的遥感技术和实现目标识别与跟踪至关重要。空间目标包括人造卫星、空间站、火箭残骸和自然小行星等，在电磁波谱上的表现各异，这些特性受到材料、形状、尺寸、表面粗糙度和环境因素的影响。

1. 反射与散射特性

空间目标对电磁波的反射与散射特性是其最基本的电磁行为。当电磁波遇到空间目标时，一部分能量会被反射回来，另一部分则可能被吸收或绕过目标边缘发生散射。反射强度和方向取决于目标的几何形状、表面粗糙度以及入射波的频率和极化。例如，光滑的金属表面会产生较强的镜面反射，而粗糙的金属表面则会形成漫反射。目标的尺寸与波长的比例也会影响散射模式，小尺度目标倾向于球形散射，而大尺度目标则可能表现出更复杂的散射模式。

2. 吸收特性

空间目标对电磁波的吸收能力主要由其材料属性决定。金属材料通常对电磁波有很强的吸收作用，尤其是对高频电磁波，而某些非金属材料(如碳纤维复合材料)在特定频段内也可能展现出良好的吸收特性。吸收产生的能量转化为热能，这对于评估空间目标的热平衡和设计热控系统非常重要。

3. 极化特性

空间目标的极化特性描述了其如何响应不同极化状态的电磁波。目标的几何结构和材料性质决定了它对垂直极化、水平极化或圆极化的不同反应。了解目标的极化特性有助于优化雷达系统的性能，如通过使用合适的极化配置来提高目标检测概率或改善图像质量。

4. 多普勒效应

当空间目标相对于观察者运动时，其反射或发射的电磁波会发生频率变化，这种现象称为多普勒效应。多普勒效应在雷达跟踪和通信系统中有着重要应用，通过测量多普勒频移，可以推算出目标的速度和方向，这对于实时监测和预测空间目标的轨迹至关重要。

5. 温度与辐射特性

空间目标表面的温度会影响其在红外波段的辐射特性。所有物体都会发射红外辐射，且辐射强度与温度的四次方成正比(斯特藩−玻尔兹曼定律)。通过测量目标的红外辐射，可以推断其表面温度，这对于理解空间目标的热状态、识别不同类型的目标和进行热成像非常有用。

6. 等离子体效应

在太阳风或地球磁层等空间环境中，空间目标周围可能会形成等离子体鞘层，这会对电磁波的传播产生显著影响。等离子体鞘层会折射、吸收和散射电磁波，改变其传播路径和强度，从而影响雷达和通信信号的接收。研究等离子体效应对于设计能够在恶劣空间环境下正常工作的遥感和通信系统至关重要。

综上所述，空间目标的电磁波特性涵盖多个方面，从反射、散射到吸收、极化，再到温度辐射和等离子体效应，每一种特性都对空间探测技术和目标识别方法的设计提出了不同的要求。深入理解并利用这些特性，不仅可以提升空间监视和通信系统的性能，还能促进对宇宙环境的科学研究，为人类探索宇宙提供强有力的支持。随着技术的进步，期待在这一领域取得更多突破，以更好地服务于航天工程和科学研究的需求。

3.2.2　光谱特性

空间目标的光谱特性反映了目标在不同波长下的反射、透射和发射等光学行为，这些行为受材质、形状、表面状态和环境等多种因素影响。通过分析光谱数据，可以揭示目标的物质成分、结构和功能状态，为空间目标识别、分类和监测提供重要依据。此外，光谱特性还可用于研究目标的热状态，如温度分布和热辐射特性，对评估目标状态和预测其行为具有重要意义。

1. 光谱吸收与发射特征

空间目标的光谱特性主要体现在其吸收和发射的光谱线上。不同物质在特定波长下会吸收或发射光，形成独特的光谱特征。例如，水冰在近红外区域有明显的吸收带，而铁氧化物在可见光至近红外范围内有特征性的吸收峰。通过对这些光谱特征的分析，科学家可以确定空间目标的表面成分，如岩石类型、矿物质、有机物和水冰的存在。

2. 表面风化与空间环境效应

长期暴露在宇宙射线、太阳风和微陨石撞击下，空间目标的表面会发生风化，形成一层被称为"风化层"的薄层。风化层的形成会导致光谱特征的变化，如出现新的吸收带或原有吸收带的减弱。这种变化反映了空间环境对目标表面的影响，对于理解小行星、月球和其他无大气天体的演化过程至关重要。

3. 温度与热辐射

空间目标的温度直接影响其热辐射特性。在红外光谱范围内，温度较高的物体辐射的峰值波长较短，反之亦然(维恩位移定律)。通过分析空间目标的热辐射光谱，可以推断其表面温度分布，这对于研究太阳系内各天体的热环境和热物理性质具有重要意义。

4. 大气层与光谱窗口

对于拥有大气层的行星或卫星，其大气成分也会对光谱特性产生影响。大气中的气体分子(如水蒸气、二氧化碳、甲烷等)会在特定波长下吸收或散射光线，形成"光谱窗口"。这些窗口允许特定波长的光线穿透大气层，达到或离开表面，为遥感探测提供了宝贵的通道。例如，地球大气的近红外窗口(700~2500nm)是地表遥感和卫星通信的重要频段。

5. 多光谱成像与高光谱成像

现代遥感技术，尤其是多光谱成像和高光谱成像，极大丰富了人们对空间目标光谱特性的认识。多光谱成像通过在多个波段捕获图像，可以区分不同类型的地表特征；高光谱成像提供了一种连续的光谱信息，使得精细的矿物学分析和成分识别成为可能。这些技术在行星地质学、天体生物学和资源勘探等领域发挥了重要作用。

6. 光谱偏振特性

光谱偏振是指光波的电场矢量在空间中的定向分布。空间目标反射或散射的光通常具有一定的偏振特性，这种偏振状态可以揭示目标表面的物理状态，如粗糙度、颗粒大小和结构。光谱偏振测量在行星科学中用于研究行星大气和云层的性质，以及地表的微观结构。

空间目标的光谱偏振特性是其物理、化学和环境属性的直接反映。通过光谱分析，科学家能够揭示遥远天体的秘密，从月球的地质历史到寻找外星生命的可能性。随着光谱技术的不断进步，人们对宇宙的理解将更加深刻，光谱分析将继续在天文学和空间科学中扮演核心角色，为人类探索宇宙的奥秘提供关键线索。

3.2.3　运动学特性

空间目标的运动学特性反映了空间目标在地球或其他引力体作用下的运动规律和特征。这些目标包括人造卫星、太空探测器、空间碎片等，它们在轨道上的运动受到多种力的影响。以下从多个角度详细讨论空间目标的运动学特性。

1. 轨道特性

轨道特性是描述空间目标运动状态的基础，涉及的轨道参数有半长轴、偏心率、倾角、升交点赤经、近地点幅角和真近点角。这些参数共同决定了空间目标在地球或其他天体周围的运动轨迹。例如，地球卫星的轨道可以是圆形或椭圆形，具体形式由半长轴和偏心率决定。

2. 运动规律

空间目标的运动规律主要受地球引力影响，同时也受到太阳辐射压力、大气阻力等微小扰动的影响。在只考虑地球引力的情况下，空间目标的运动可以视为开普勒运动，其轨道为闭合曲线。然而，实际情况下存在各种扰动因素，使轨道发生微小的偏离和变化。

具体来说，空间目标的运动规律可以用开普勒三定律来描述。

(1) 轨道定律：所有行星绕太阳的轨道都是椭圆，太阳位于椭圆的一个焦点上。这一定律同样适用于地球卫星等空间目标绕地球的运动。

(2) 面积定律：行星和太阳的连线在相等时间内扫过相等的面积。这表明空间目标在轨道上的速度随位置变化，近地点速度较快，远地点速度较慢。

(3) 周期定律：所有行星绕太阳一周的周期的平方与它们轨道半长轴的立方成正比。这揭示了空间目标运动周期与轨道半长轴之间的关系。

3. 摄动特性

摄动是指各种扰动因素导致空间目标轨道偏离和变化。这些因素包括太阳辐射压力、大气阻力、地球形状不规则等。摄动会导致轨道参数变化，进而影响运动状态。

(1) 太阳辐射压力：空间目标表面材料的反射和吸收特性不同，太阳辐射会对其产生微小推力，导致轨道偏离。

(2) 大气阻力：对低轨道空间目标影响较大，导致轨道衰减和再入大气层。

(3) 地球形状不规则：地球质量分布不均匀等因素也会对航天器的运动产生摄动影响。

通过对轨道特性、运动规律和摄动特性的研究，可以更深入地了解空间目标的运动状态和规律，为空间探测、卫星导航、空间碎片清理等提供理论支持和技术保障。随着人类对太空探索的深入和技术进步，对空间目标运动学特性的研究将更加全面。

3.3 地基探测数学模型

3.3.1 地基光学测量模型

地基光学测量模型是描述地基光学系统如何精确测量空间目标的关键数学工具。在实际应用中，多种误差因素，如大气扰动、光学系统性能限制和目标特性变化等，都会对测量结果产生显著影响。为了修正这些误差，研究者提出了多种方法，包括改进光学系统设计来提高其指向精度和分辨率；采用大气传输模型进行误差补偿；多站协同观测和数据融合技术等。

典型的测角型数据包括方位角和俯仰角、赤经和赤纬。本小节将详细描述这两类角度测量的方法和应用。

1. 方位角和俯仰角

方位角和俯仰角如图 3-3 所示，方位角 A 为当地切平面内从正北顺时针起量至航天器在该平面内投影的角度，计算公式为

视频

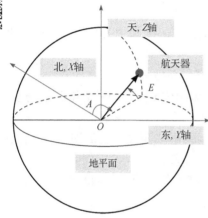

图 3-3　方位角和俯仰角示意图

$$A = \begin{cases} \arctan \dfrac{y_{tp}}{x_{tp}}, & x_{tp} \geqslant 0 \\[2mm] \arctan \dfrac{y_{tp}}{x_{tp}} + \pi, & x_{tp} < 0 \end{cases} \tag{3-1}$$

俯仰角 E 是测站至航天器矢量与当地切平面的夹角，计算公式为

$$E = \arctan \frac{z_{tp}}{\sqrt{x_{tp}^2 + y_{tp}^2}} \tag{3-2}$$

式中，x_{tp}、y_{tp}、z_{tp} 为航天器在测站地平坐标系内的坐标分量。

方位角在测站地平坐标系中对航天器位置、速度的偏导数为

$$\frac{\partial A}{\partial \boldsymbol{r}_{tp}} = \frac{x_{tp}^2}{x_{tp}^2 + y_{tp}^2} \left(-\frac{y_{tp}}{x_{tp}^2}, \frac{1}{y_{tp}}, 0 \right) \tag{3-3}$$

$$\frac{\partial A}{\partial \dot{\boldsymbol{r}}_{tp}} = 0 \tag{3-4}$$

式中，$\boldsymbol{r}_{tp}$ 为测站地平坐标系中航天器位置矢量。

方位角在天球坐标系下对卫星状态的偏导数为

$$\frac{\partial A}{\partial \boldsymbol{r}} = \left(\frac{\partial A}{\partial \boldsymbol{r}_{tp}} \right) \frac{\partial \boldsymbol{r}_{tp}}{\partial \boldsymbol{r}_b} \frac{\partial \boldsymbol{r}_b}{\partial \boldsymbol{r}} \tag{3-5}$$

$$\left(\frac{\partial \boldsymbol{r}_{tp}}{\partial \boldsymbol{r}_b} \frac{\partial \boldsymbol{r}_b}{\partial \boldsymbol{r}} \right) = (\boldsymbol{M})(\boldsymbol{HG}) \tag{3-6}$$

式中，$\boldsymbol{r}_b$ 和 $\boldsymbol{r}$ 分别为地固坐标系和天球坐标系下航天器的位置矢量；$(\boldsymbol{M})$ 为地固坐标系至测站地平坐标系的转换矩阵；$(\boldsymbol{HG})$ 为天球坐标系至地固坐标系的转换矩阵。

俯仰角在测站坐标系中对位置矢量的偏导数为

$$\frac{\partial E}{\partial \boldsymbol{r}_{tp}} = \frac{1}{\sqrt{x_{tp}^2 + y_{tp}^2}\left(x_{tp}^2 + y_{tp}^2 + z_{tp}^2\right)}\left(-x_{tp}\cdot z_{tp}, -y_{tp}\cdot z_{tp}, x_{tp}^2 + y_{tp}^2\right) \tag{3-7}$$

$$\frac{\partial E}{\partial \dot{\boldsymbol{r}}_{tp}} = 0 \tag{3-8}$$

在天球坐标系下对卫星状态的偏导数为

$$\frac{\partial E}{\partial \boldsymbol{r}} = \left(\frac{\partial \boldsymbol{r}_{tp}}{\partial \boldsymbol{r}_b}\frac{\partial \boldsymbol{r}_b}{\partial \boldsymbol{r}}\right)^{\mathrm{T}} \frac{\partial E}{\boldsymbol{r}_{tp}} \tag{3-9}$$

2. 赤经和赤纬

赤经和赤纬如图 3-4 所示，赤经、赤纬的观测类型有站心与地心之分，通常会归算到地心，其测量方程为

$$\begin{cases} \alpha = \begin{cases} \arctan\dfrac{y}{x}, & x \geqslant 0 \\[2mm] \arctan\dfrac{y}{x} + \pi, & x < 0 \end{cases} \\[4mm] \delta = \arctan\dfrac{z}{\sqrt{x^2 + y^2}} \end{cases} \tag{3-10}$$

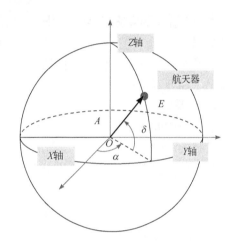

图 3-4 赤经和赤纬示意图

式中，(x, y, z) 为航天器在天球坐标系中的坐标分量。

相应的观测偏导数为

$$\begin{cases} \dfrac{\partial \alpha}{\partial(x, y, z)} = \dfrac{x^2}{x^2 + y^2}\left(-\dfrac{y}{x^2}, \dfrac{1}{x}, 0\right) \\[4mm] \dfrac{\partial \delta}{\partial(x, y, z)} = \dfrac{1}{\sqrt{x^2 + y^2}\left(x^2 + y^2 + z^2\right)}\left(-xz, -yz, x^2 + y^2\right) \end{cases} \tag{3-11}$$

3.3.2 地基雷达测量模型

地基雷达测量模型是雷达技术的核心，描述了雷达系统如何捕获并解析目标信息。在实际应用中，由于雷达系统性能、目标特性变化和环境因素等多种因素，测量误差难以避免。为了减小这些误差，可采取多种修正方法，包括雷达系统校准、信号处理和算法优化、多雷达协同观测等。这些方法不仅提高了测量的准确性，还为雷达技术的应用提供了更可靠的数据支持。

雷达测量包括距离测量、速度测量和角度测量三类，下面进行介绍。

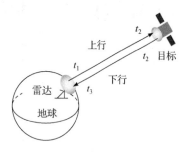

图 3-5　雷达距离测量

1. 距离测量

雷达利用无线电波在均匀介质中以恒定光速直线传播的特性，通过精确测量电磁波从雷达发射到目标再反射回雷达所需的时间(往返时间)，可以计算出目标到雷达的距离，如图 3-5 所示。

双向距离可以表示为

$$\rho = (t_3 - t_1) \cdot c$$
$$= \left| \boldsymbol{r}_{sc}(t_2) - \boldsymbol{r}_{sta}(t_1) \right| + \left| \boldsymbol{r}_{sc}(t_2) - \boldsymbol{r}_{sta}(t_3) \right| \tag{3-12}$$

式中，$\boldsymbol{r}_{sta}(t_1)$ 为地面测距信号发射时刻的位置矢量；$\boldsymbol{r}_{sc}(t_2)$ 为航天器应答机接收信号时刻的位置矢量；$\boldsymbol{r}_{sta}(t_3)$ 为地面接收机接收信号时刻的位置矢量。

在实际计算中，可以依据精度需求选择合适的方法计算测距信号在空间中的传播时延，下面分别进行介绍。

1) 瞬时状态假设

在精度要求不高的情况下，可以忽略光行时，直接采用瞬时测距模式，也就是忽略光传播的时间，认为在信号发射的瞬间，接收机和转发天线就能收到信号。此时，数据时标位于信号发射和接收时刻的中点。瞬时状态假设的时标为

$$t = \frac{t_1 + t_3}{2} \tag{3-13}$$

$$\rho = \left| \boldsymbol{r}_{sta}(t) - \boldsymbol{r}_{sc}(t) \right| \tag{3-14}$$

计算理论观测值时，已知信息为信号接收时刻 t_3，以及对应的观测量 o，此时的信号中点时刻可以表示为 $t = t_3 - o/2c$。对于近地航天器，瞬时状态假设可以实现厘米量级的建模精度。

2) 光行时迭代计算

光行时迭代计算步骤如下：

(1) 计算测站接收信号 t_3 时刻测站的位置矢量 $\boldsymbol{r}_{sta}(t_3)$。

(2) 计算信号转发 t_2 时刻卫星的位置矢量 $\boldsymbol{r}_{sc}(t_2)$，第 1 次迭代计算令 $t_2 = t_3$。

(3) 计算信号传输几何距离 $l = \left| \boldsymbol{r}_{sta}(t_3) - \boldsymbol{r}_{sc}(t_2) \right|$。

(4) 重新确定信号转发时刻 $t_2 = t_3 - l/c$。

(5) 判断第(3)步计算的几何距离是否收敛。如果迭代收敛，则计算结束，否则重复步骤(3)和(4)。

2. 速度测量

速度测量基于多普勒效应。当目标相对于雷达系统发生相对运动(靠近或远离)时，反射波的频率会相对于发射波产生频移。通过分析这种频移的大小和方向，可以准确地推断出目标的速度和运动方向。当波源与观测者的相对位置发生变化时，观测者接收到的

波频率与波源发出的频率不同。当波源向观测者靠近时，观测者接收到的波频率高于波源发出的频率；当波源远离观测者时，观测者接收到的波频率低于波源发出的频率。这种现象称为多普勒效应。

在利用多普勒效应进行测速时，电磁波(如无线电波或激光)常被用作媒介。测速系统会发射特定频率的电磁波，当这些波遇到运动物体并反射回来时，因多普勒效应，反射波的频率会发生变化。通过测量发射波与反射波之间的频率差异，可以计算出物体的运动速度。

一般情况下，会将多普勒频率差异转换为视向速度，即物体与观测者之间的距离变化率，以便更直观地理解物体的运动情况：

$$\dot{\rho} = \frac{f_0 - f_r}{f_0} \cdot c \tag{3-15}$$

式中，f_0 表示发射频率；f_r 表示接收频率；$\dot{\rho}$ 表示视向速度。

1) 瞬时状态假设

利用瞬时距离对时间进行求导，可得

$$\dot{\rho} = \frac{\left[\boldsymbol{r}_{\text{sta}}(t) - \boldsymbol{r}_{\text{sc}}(t)\right] \cdot \left[\dot{\boldsymbol{r}}_{\text{sta}}(t) - \dot{\boldsymbol{r}}_{\text{sc}}(t)\right]}{\rho} \tag{3-16}$$

2) 考虑积分周期

标记 1 个积分周期 ΔT 内的平均频率变化为 f_d，则视向速度为

$$\dot{\rho} = -\frac{f_d}{f_0} \cdot c \tag{3-17}$$

该模式下，视向速度可以表示为

$$\dot{\rho} = \frac{\rho(t + \Delta T) - \rho(t)}{\Delta T} \tag{3-18}$$

相应的观测偏导数可以表示为

$$\frac{\partial \dot{\rho}}{\partial \boldsymbol{r}_{\text{sc}}} = \frac{1}{\Delta T}\left[\frac{\partial \rho(t + \Delta T)}{\partial \boldsymbol{r}_{\text{sc}}} - \frac{\partial \rho(t)}{\partial \boldsymbol{r}_{\text{sc}}}\right] \tag{3-19}$$

课件

3. 角度测量

为了精确定位空间中的目标，不仅需要精确测量目标到观测点的距离及其变化率，还必须准确测定目标的方位信息，这包括方位角与高低角两个关键维度。雷达进行角度测量的基础在于电磁波在均匀介质中沿直线传播的特性和雷达天线所具备的高度方向性。

在理想状态下，电磁波沿直线行进，因此，通过捕捉目标散射或反射回的电磁波波前到达的方向，可以直接推断出目标的具体方位。然而，现实环境往往复杂多变，电磁波并非总在完全均匀的介质中传播，如大气层的密度与湿度随高度变化而表现出不均匀性，这些因素都会影响电磁波的传播路径。尽管在近距离测量时，这种非均匀性引入的误差

相对较小，仍可视为电磁波近似直线传播，但在进行远程角度测量时，则必须充分考虑传播介质的具体条件，对测角数据进行科学合理的修正，以确保测量结果的准确性。

评价雷达测角性能的关键指标包括测角范围、测角速度、测角精度和角分辨率。这些指标共同构成了衡量雷达系统空间定位能力的重要标准。接下来，本小节将探讨并介绍几种常用的雷达测角技术与方法。

1) 相位法测角

相位法测角利用多个天线所接收回波信号之间的相位差进行测角，如图 3-6 所示。设在 θ 方向有远区目标，则到达接收点的目标所反射的电磁波近似为平面波。因为两天线间距为 d ，所以它们所收到的信号由于存在波程差 ΔR 而产生相位差 φ ：

$$\varphi = \frac{2\pi}{\lambda}\Delta R = \frac{2\pi}{\lambda}d\sin\theta \tag{3-20}$$

式中， λ 为雷达波长。如用相位计进行比相，测出其相位差 φ ，就可以确定目标方向 θ 。

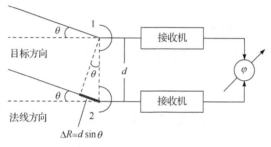

图 3-6   相位法测角示意图

2) 振幅法测角

振幅法测角是利用天线收到的回波信号幅度来进行角度测量的方法，信号幅度的变化规律取决于天线的方向图和扫描方式。振幅法测角可以分为最大信号法和等信号法两大类。下面简要介绍最大信号法的原理。

当雷达天线波束做圆周扫描或在一定扇形范围内做匀角速扫描时，对于使用同一天线进行发射和接收的单基地脉冲雷达而言，接收机输出的脉冲串幅度值会被天线方向图函数调制。这意味着，当目标位于天线波束的主瓣方向时，接收信号的幅度将达到最大值。随着天线波束的扫描，如果目标偏离了天线波束的主瓣方向，接收信号的幅度会随之减小。

最大信号法的基本原理：通过不断地调整天线的方向，找到接收信号幅度最大的方向，即为目标的方位角。具体来说，在天线扫描过程中，当接收到的信号幅度达到最大值时，天线的方向即为目标的方位角。这种方法简单直观，但对天线方向图的对称性和稳定性有较高要求。

通过这种方式，最大信号法能够有效地确定目标相对于雷达天线的方向，进而实现对目标的精确定位。找出脉冲串的最大值(中心值)，确定该时刻天线波束轴线指向即为目标所在方向，如图 3-7(b)中①所示。

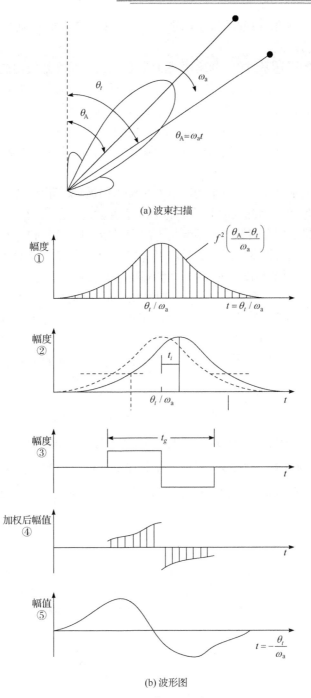

(a) 波束扫描

(b) 波形图

图 3-7　最大信号法测角

如果天线转动角速度为 ω_a，脉冲雷达重复频率为 f_r，则两脉冲间的天线转角为

$$\Delta\theta_s = \frac{\omega_a \times 360°}{60°} \cdot \frac{1}{f_r} \tag{3-21}$$

这样，天线轴线(最大值)扫过目标方向时，不一定有回波脉冲，也就是说，$\Delta\theta_s$ 将产生相应的"量化"测角误差。

在人工操控的雷达系统中，操作员紧盯着显示器，精准捕捉回波信号的峰值瞬间，以此读取并记录下目标的角度信息。当系统配备有平面位置指示功能的二维显示器时，这一过程更为直观：屏幕上，扫描线紧随雷达波束的旋转轨迹同步移动，形成动态的监测网络。操作员凭借丰富的经验，迅速定位回波标记的核心——信号强度的顶点所在，随后参照显示器上清晰标注的机械或电子角度标尺，准确无误地解读出目标的角坐标位置。

在自动读取的雷达中，可以采用以下办法读出回波信号最大值的方向：一般情况下，天线方向图是对称的，因此回波脉冲串的中心位置就是其最大值方向。测读时可先将回波脉冲串进行二进制量化处理，其振幅超过门限时取"1"，否则取"0"。如果测量时没有噪声和其他干扰，就可根据"1"出现和"1"消失的时刻，方便且精确地找出回波脉冲串"开始"和"结束"时的角度，两者的中间值就是目标的方向。通常，回波信号中总是混杂着噪声和干扰，为减弱噪声的影响，脉冲串在二进制量化前先进行积累，如图 3-7(b)中②的实线所示，积累后的输出将产生一个固定迟延(可用补偿解决)，但可提高测角精度。

最大信号法也可采用闭环的角度波门跟踪进行，如图 3-7(b)中的③、④所示，它的基本原理和距离门跟踪相同。用角度波门技术进行角度测量时的精度(受噪声影响)为

$$\sigma_\theta = \frac{\theta_B}{K_p\sqrt{2E/N_0}} = \frac{\theta_B\sqrt{L_p}}{K_p\sqrt{2(S/N)_m^n}} \tag{3-22}$$

式中，E/N_0 为脉冲串能量和噪声谱密度之比；K_p 为图 3-7(b)⑤中曲线的斜率；θ_B 为天线波束宽度；L_p 为波束形状损失；$(S/N)_m$ 为中心脉冲的信噪比；$n = t_0 f_r$，为单程半功率点波束宽度内的脉冲数。在最佳积分处理条件下可得到 $K_p/\sqrt{L_p} = 1.4$，则：

$$\sigma_\theta = \frac{0.5\theta_B}{\sqrt{(S/N)_m n}} \tag{3-23}$$

最大信号法测角技术的显著优势在于：①其操作的简便性，无需复杂设置即可实施；②它巧妙地利用天线方向图的最大值方向进行角度测量，此时接收到的回波信号最为强烈，从而确保了信噪比的最大化，这对于有效检测并识别目标而言至关重要，大大增强了系统的探测能力。

然而，该方法也面临着一些挑战。首要不足在于直接测量时的精度相对有限。由于天线方向图在最大值附近区域较为平缓，最强点的精确判定变得困难，这在一定程度上影响了测量的准确性。不过，通过优化测量方法和技术手段，可以显著提升这一环节的精度。

此外，最大信号法测角还存在一个局限性，即它无法直接判断目标偏离雷达波束轴线的具体方向。这一特性限制了其在自动测角领域的应用，这是因为自动系统通常需要更精确且全面的目标位置信息。因此，在需要高度自动化和精确角度测量的场景中，可能需要结合其他更先进的测角技术来弥补这一不足。

3.3.3　传播介质修正

地球的表面被一层稠密而多变的大气所紧紧包围，这层大气不仅富含气体分子，还交织着电子与离子，它们共同对电磁波的传播路径与特性产生深远的影响。此外，跨越至更广阔的宇宙空间，行星际中弥漫的等离子区域和太阳周边炽热的日冕等离子区，也是电磁波传播不可忽视的干扰源。当航天器发射的精密信号穿越复杂环境，最终抵达地面接收站时，其传播轨迹与速度均会经历显著变化，从而引入了传播媒介误差，对通信精度构成挑战。

针对这一复杂现象，科学家根据电磁波传播所受影响的本质差异，将大气层细分为对流层与电离层两大关键区域进行深入探讨。其中，对流层以其显著且多变的影响特性尤为引人注目。由于该层内大气压强、温度和湿度等环境因素错综复杂且瞬息万变，目前尚难以构建一个全面而精确的预测模型来全面刻画其对电磁波传播的具体影响。

为了应对这一难题，研究人员巧妙地将对流层延迟分解为干延迟与湿延迟两大组成部分进行分别处理。干延迟，顾名思义，主要由大气中干性成分(如氮气与氧气)的折射效应所致，占据了总对流层延迟的近九成份额。得益于其相对稳定的特性，科学家得以通过结合大气压等参数的先验模型，实现对干延迟较为精准的估算与校正。这一策略不仅提升了电磁波传播路径预测的准确性，也为后续更深层次的通信与导航技术研究奠定了坚实的基础。

1. 无线电测量技术的对流层修正模型

无线电信号穿过对流层时，总的延迟可以表示为

$$D_{\mathrm{L}} = m_{\mathrm{h}}(e)D_{\mathrm{hz}} + m_{\mathrm{w}}(e)D_{\mathrm{wz}} \tag{3-24}$$

式中，D_{hz} 与 D_{wz} 分别为天顶方向的干延迟与湿延迟；m_{h} 与 m_{w} 分别为干延迟与湿延迟的映射函数；e 为真空中目标视方向高度角。在天顶方向，对流层折射可以使电磁波传播路径差达 2.3m。映射函数的作用是将天顶延迟投影到实际的观测高度角处，当高度角低于 10° 时，对流层延迟可达 20m。对流层延迟与测站的海拔、航天器高度角和信号传播路径上的气象条件密切相关，随着情况的不同会有显著的变化。干分量所产生的延迟会随着季节与地理位置的变化而变化 80%～100%。干分量部分产生的天顶延迟可以很好地用 Davis 改进的 Saastamoinen 模型描述，该模型是一种基于大气物理参数(如气压、温度、湿度等)来计算天顶干延迟的模型。通过考虑大气压力、温度和测站高度等因素，修正精度达到几毫米。具体形式为

$$D_{\mathrm{hz}} = \frac{(0.0022768 \pm 0.0000005)P_0}{f_{\mathrm{s}}(\phi, H)} \tag{3-25}$$

式中，P_0 为天线参考点大气压，单位为毫巴(mbar, 1bar=10^5Pa)；

$$f_{\mathrm{s}}(\phi, H) = 1 - 0.00266\cos(2\phi) - 0.00000028H \tag{3-26}$$

式中，ϕ 为测站大地纬度；H 为测站大地高度，单位为 m。

湿延迟紧密关联于视线方向上水蒸气的密度变化，且这一密度值呈现出极高的不稳

定性，使得其预测与修正变得尤为复杂。尽管基于本地数据的湿对流层静态分量模型在一定程度上提供了参考，但在天顶方向上的精度仍受限于大约4cm的误差范围。尽管湿分量修正技术历经多年探索与发展，但至今尚未有突破性方法能够显著且稳定地提升其精度。

面对亚分米级别的极高精度需求，单纯依赖现有模型与修正技术已难以满足要求。因此，必须通过更为精细的估值解算策略来应对这一挑战。这要求在数据处理与分析过程中，不仅要充分考虑水蒸气密度的动态变化特性，还需结合先进的算法与模型，以实现对湿延迟的精确估计与补偿，从而确保最终结果的精度满足严苛的应用需求。

霍普菲尔德(Hopfield)模型提供的湿分量天顶延迟为

$$D_{wz} = 0.0746512 \frac{e_s(h_w - H)}{T^2} \tag{3-27}$$

$$e_s = U \cdot \exp(-37.2465 + 0.213166T - 0.000256908T^2) \tag{3-28}$$

式中，h_w为湿天顶高度，通常取11000m；H为测站大地高度(m)；e_s为地面气压(hPa)；T为热力学温度(K)；U为地面相对湿度。

提高对流层修正精度有两种方法：使用GPS校准和水汽辐射计校准。用GPS校准，总天顶延迟可精确到1cm(相当于对流层折射延迟的1.25%)，转换为路径上的延迟后，测量误差被放大$1/\sin E$，这样10°仰角时的精度在6cm量级。更准确的校准，特别是在低仰角上，需要利用水汽辐射计准确测定电磁波传播路径上的水汽积累量，以便精确地计算大气湿分量的改正项，进而将低仰角的改正精度提高到1.5~3cm。

干分量与湿分量通用的高精度映射函数形式为

$$m_{h,w}(e) = \cfrac{1 + \cfrac{a}{1 + \cfrac{b}{1+c}}}{\sin e + \cfrac{a}{\sin e + \cfrac{b}{\sin e + c}}} \tag{3-29}$$

维也纳投影函数(Vienna mapping function，VMF)通过射线瞄迹法，使用数值大气模型中3°以上的数据确定了b系数与c系数，而a系数则公开发布，时间分辨率为6h，涵盖了大多数的国际GNSS服务(IGS)站点。对于高精度的应用，推荐使用VMF1模型。在精度要求稍低时，可以使用全局映射函数(global mapping function，GMF)，这是一个经验映射函数，其输入参数仅为测站经度、纬度、高度和年积日。

2. 光学测量技术的对流层修正模型

对于光学测量，对流层的影响可以分为干分量与非干分量两部分，Mendes与Pavlis导出了天顶延迟的封闭表达式：

$$d_{atm}^z = d_h^z + d_{nh}^z \tag{3-30}$$

$$d_h^z = 0.002416579 \frac{f_h(\lambda)}{f_s(\phi, H)} P_s \tag{3-31}$$

$$f_h(\lambda) = 10^{-2} \times \left[k_1^* \frac{k_0 + \sigma^2}{(k_0 - \sigma^2)^2} + k_3^* \frac{k_2 + \sigma^2}{(k_2 - \sigma^2)^2} \right] C_{CO_2} \tag{3-32}$$

式中，$k_0 = 238.0185 \mu m^{-2}$；$k_2 = 57.362 \mu m^{-2}$；$k_1^* = 19990.975 \mu m^{-2}$；$k_3^* = 579.55174 \mu m^{-2}$；$\sigma = 1/\lambda$，$\lambda$ 表示波长，单位为 μm；$C_{CO_2} = 1 + 0.534 \times 10^{-6}(x_c - 450)$，$x_c$ 为二氧化碳含量。

对于非干分量部分：

$$d_{nh}^z = 10^{-4} \left[5.316 f_{nh}(\lambda) - 3.759 f_h(\lambda) \right] \frac{e_s}{f_s(\phi, H)} \tag{3-33}$$

式中，e_s 为表面水汽压；$f_{nh}(\lambda) = 0.003101(\omega_0 + 3\omega_1 \sigma^2 + 5\omega_2 \sigma^4 + 7\omega_3 \sigma^6)$，$\omega_0 = 295.235$，$\omega_1 = 2.6422$，$\omega_2 = -0.032380 \mu m^4$，$\omega_3 = 0.004028 \mu m^6$。

对流层对光学测距测量总的影响为

$$d_{atm} = d_{atm}^z \cdot m(e) \tag{3-34}$$

$$m(e) = \frac{1 + \dfrac{a}{1 + \dfrac{b}{1 + c}}}{\sin e + \dfrac{a}{\sin e + \dfrac{b}{\sin e + c}}} \tag{3-35}$$

3. 电离层延时修正

在太阳紫外线、X 射线辐射和高能粒子的不懈作用下，地球的高层大气气体分子经历着部分电离的奇妙过程，释放出自由电子与正负离子，共同编织成一片浩瀚的等离子区域——电离层。这一独特的层次，坐落于地球大气层的顶端，自地表向上延伸，覆盖了 60～2000km 的广阔空间。电离层作为电磁波传播的天然媒介，其复杂的物理特性对无线电波信号产生了深远的影响。它不仅能够反射、折射、散射乃至部分吸收这些电磁波信号，还引发了信号传播过程中的一系列微妙变化，如延迟现象的出现，以及相位与振幅的不规则波动。尤为值得注意的是，当电磁波穿越电离层时，一个显著的现象是电磁波相位的传播速度(相速度)被加速，而与之相反，波内能量的实际传播速度(群速度)却有所减缓。这种速度上的差异及其导致的整体效应，便是"电离层延迟"，它成为高精度无线电导航、通信等领域必须精细考量与校正的关键因素。

电离层延迟的程度主要取决于电磁波传播路径上的总电子数与电磁波的频率。电磁波传播路径中所包含的总电子数称为总电子含量(total electron content，TEC)，有

$$\mathrm{TEC} = \int_{s'} N_e \mathrm{d}s \tag{3-36}$$

式中，N_e 为电子密度；s' 为电磁波传播路径。TEC 的单位为"电子数/米^2"，采用该单位时 TEC 的数值非常大，不方便使用，通常采用"10^{16} 个电子/米^2"作为 TEC 的单位。

由式(3-36)可知,电离层电子密度 N_e 是计算电离层延迟的关键, N_e 与以下因素有关:地理位置、地方时、太阳及其他天体的辐射强度和季节等。因此,电离层对电波的延迟除与频率和路径(主要是仰角和高度)有关外,也与上述因素有密切关系。大量实测资料表明,白天电离层对 S 频段信号的影响在天顶方向接近 1～5m,最大可达 10 多米。夜晚的影响通常要小一个数量级;冬季比夏季大一倍;太阳活动高峰年比太阳活动低峰年大 4 倍;低仰角是天顶方向的几倍。

由于目前无法从理论上彻底厘清总电子含量与各种影响因素之间准确的函数关系式,所以电离层延迟修正一般用模型改正法或双频改正法。

1) 模型改正法

电离层模型及其相应的改正经验公式,通常是基于全球或特定区域内众多观测站点长期累积的海量观测数据,经过精细拟合与分析而得出的。这些模型与公式,作为电离层长时间尺度上全球或区域平均特性的表征,为理解电离层的复杂行为提供了宝贵的参考。然而,当人们将这些模型应用于具体情境,即试图估计某一特定时刻、某一精确地点电离层延迟的精确值时,其表现往往难以达到理想状态。由于电离层活动的动态性与高度不稳定性,加之局部环境因素的复杂多变,这些基于平均状况构建的模型在预测具体时刻、地点的电离层延迟时,会存在一定的局限性。因此,其预测误差往往较大,可能达到实际延迟量的 20%～40%,这对于需要高精度电离层改正的应用场景而言,显然是不够理想的。

常见的电离层模型有国际参考电离层(IRI)模型、Bent 模型、Klobuchar 模型等。本小节主要介绍利用格网模型进行电离层延迟计算。图 3-8 为穿刺点示意图,假设整个电离层中的自由电子在高度为 h 的一个单层上(电离层延迟对该高度并不是特别敏感), h 的一般取值为 350～450km,将卫星信号传播路径与单层的交点称为穿刺点。该穿刺点处单层电子浓度直接影响电离层延迟的计算。

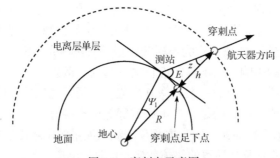

图 3-8　穿刺点示意图

(1) 计算倾斜因子。

航天器在测站视线方向与电离层单层面的交点称为穿刺点,标记为 I',其与地心连线在地球表面的交点称为穿刺点足下点,标记为 I。计算电离层延迟时,先计算电离层天顶延迟,即从穿刺点至穿刺点足下点的延迟,而实际电波的传播路径由航天器至测站,因而需要再映射至视线方向,这两个方向之间的夹角记为 z,倾斜因子与该夹角的关系为 $F = \sec z$。

$$z = \arcsin \frac{R \cos E}{R + h} \tag{3-37}$$

式中，R 为测站地心距；h 为穿刺点高度；E 为航天器高度角。

(2) 计算测站与穿刺点足下点在地心的张角：

$$\Psi_I = 90° - E - z \tag{3-38}$$

(3) 计算穿刺点足下点的经纬度。

如图 3-9 所示，穿刺点足下点经纬度可以表示为

$$\begin{cases} \varphi_I = \arcsin(\sin\varphi\cos\psi_I + \cos\varphi\sin\psi_I\cos A) \\ \lambda_I = \lambda + \arcsin\dfrac{\sin\varphi_I\sin A}{\cos\varphi_I} \end{cases} \tag{3-39}$$

式中，λ 和 φ 为测站的大地经纬度；A 为航天器方位角。

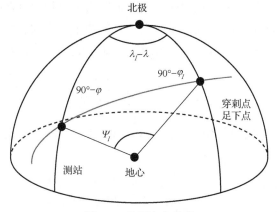

图 3-9　星下点方位角

(4) 计算穿刺点足下点的地方时 t_I：

$$t_I = \text{UTC} + \frac{t_I}{15} \tag{3-40}$$

式中，$t_I \in [0,24)$，UTC、t_I 都以 h 为单位。

(5) 计算穿刺点电子浓度含量。

全球电子浓度图提供的电子浓度为格网或是谐系数。对于格网可以插值计算，在穿刺点足下点找相邻的 4 个节点(图 3-10)，对应的电子浓度为

$$V = \sum_{i=1}^{4} W_i V_i \tag{3-41}$$

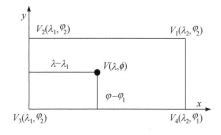

图 3-10　格网插值算法

式中，

$$\begin{cases} W_1 = W(x,y) \\ W_2 = W(1-x,y) \\ W_3 = W(1-x,1-y) \\ W_4 = W(x,1-y) \\ W(x,y) = x^2 y^2 (9 - 6x - 6y + 4xy) \end{cases} \tag{3-42}$$

式中，x、y 为穿刺点坐标的函数，$x = \dfrac{\lambda - \lambda_1}{\lambda_2 - \lambda_1}$、$y = \dfrac{\varphi - \varphi_1}{\varphi_2 - \varphi_1}$。

(6) 计算电离层延迟：

$$\rho_{\text{iono}} = 0.4028 \frac{V(\lambda,\varphi)}{f^2} \tag{3-43}$$

电离层延迟单位为 m，式(3-43)中 f 为跟踪频率，单位为 GHz。

2) 双频改正法

如果航天器的跟踪测量采用双频信号，则可以通过双频观测量的综合处理直接求出电离层改正量。双频改正法的原理：设航天器发射两个频率的载波信号，由于两种不同频率的信号沿同一路径传播，两者具有相同的 TEC。首先写出用相路径表示的几何距离观测方程：

$$\rho = \rho' + \frac{A_1}{f^2} + \frac{A_2/2}{f^3} + \frac{A_3/3}{f^4} \tag{3-44}$$

式中，ρ 为几何距离；ρ' 为相路径；$A_1 = 0.4028\text{TECU}$。对于两个频率(f_1, f_2)，忽略高阶项有

$$\begin{cases} \rho = \rho_1' + \dfrac{A_1}{f_1^2} \\[2mm] \rho = \rho_2' + \dfrac{A_1}{f_2^2} \end{cases} \tag{3-45}$$

解方程组得到：

$$\begin{cases} \rho = \dfrac{f_1^2}{f_1^2 - f_2^2} \rho_1' - \dfrac{f_2^2}{f_1^2 - f_2^2} \rho_2' \\[3mm] A_1 = \dfrac{f_1^2 f_2^2}{f_1^2 - f_2^2} (\rho_1' - \rho_2') \end{cases} \tag{3-46}$$

由于用不同频率测距时，除电离层延迟不同外，其他误差均相同，故 ρ_1' 和 ρ_2' 相减后，这些误差皆可消去，因而 A 中只有噪声影响。设 ρ_1' 和 ρ_2' 的观测噪声分别为 m_1 和 m_2，则 f_1 频率信号电离层延迟的噪声为

$$\begin{cases} \rho = \dfrac{f_1^2}{f_1^2 - f_2^2} \rho_1' - \dfrac{f_2^2}{f_1^2 - f_2^2} \rho_2' \\[3mm] A_1 = \dfrac{f_1^2 f_2^2}{f_1^2 - f_2^2} (\rho_1' - \rho_2') \end{cases} \tag{3-47}$$

利用双频改正法，电离层的改正精度可以提高到厘米级别。为了进一步提高对流层和电离层的改正精度，通常采用的方法是对模型改正后的残余误差分段解算天顶延迟参数，从而在精密定轨时进一步消除这些误差。

习　　题

3.1　地基无线电探测系统的工作原理是什么？它如何实现对空间目标的精确跟踪与测量？

3.2　中国航天测控网的发展历程经历了哪几个重要阶段，每个阶段的主要特点和成就是什么？

3.3　请概述地基光学探测系统的主要功能及其在航天测控领域中的重要性，并简述激光测距技术的基本原理及其面临的挑战。

3.4　相较于天基探测系统，地基探测系统在哪些方面展现出显著优势？

3.5　在空间目标的电磁波特性中，多普勒效应在雷达跟踪和通信系统中有哪些具体的应用？

3.6　空间目标的运动学特性中，哪些主要因素会导致其轨道发生偏离和变化？请简要说明这些因素的影响。

3.7　在电磁波传播过程中，对流层对电磁波传播的主要影响被分解为哪两个部分？请简述这两个部分各自的特点。

3.8　光谱特性如何用于空间目标的热状态评估？举例说明温度与热辐射之间的关系。

3.9　大气阻尼力如何影响空间目标的轨道？具体说明其导致的后果。

3.10　在描述空间目标的轨道时，通常需要用到哪些参数？这些参数各自具有什么具体意义？

第 4 章

地基智能探测系统设计及信息处理

4.1 地基智能探测系统设计

航天探测系统是航天工程不可或缺的基石，无论是执行复杂的载人航天使命，还是开展深远的深空探索任务，均高度依赖于这些先进系统。它们不仅为地面操作人员提供了实时监控航天器与航天员状态的能力，还作为决策支持系统，输送着至关重要的信息数据。地基智能探测系统中，早期的快速发展与技术的深度成熟，使其成为航天器探测任务中的核心力量，它的关键性贡献可归纳如下。

1) 连接天地的关键桥梁

地基智能探测系统通过测控站精心构建的无线电通信链路，无缝衔接地面与航天器之间的通信，确保航天器得以实时追踪、遥测数据即时获取、遥控指令精确执行，并促进通信与数据的高速、高效传输。指挥控制中心作为核心枢纽，负责全面收集并深入分析来自测控站的下行链路数据，基于这些数据的精准分析，制定出科学有效的控制策略。这些策略包括但不限于生成精准的遥控指令。实施必要的数据注入操作，以及向航天员提供清晰的语音指导。随后，通过测控站强大的上行链路能力，这些指令与语音指导被准确无误地传递给航天器，确保其在太空中能够安全、稳定地执行任务。

2) 信息交互核心

航天测控系统的指挥中心，作为关键管理机构，全权负责飞行任务的规划、指挥和资源调配工作，同时执行综合状态监视、技术深度剖析与控制策略确立。在航天器发射期间，该中心细致记录各项数据，并严密监控所有关键参数，以验证航天器是否准确入轨。入轨后，指挥中心持续执行在轨飞行控制任务，并维持与外部系统的数据流通，为任务实施提供关键性支持。当航天器进入返回与着陆阶段，指挥中心精确地向测控站传输目标捕获指引信息，保障测控活动的顺畅进行，并精确计算着陆点，确保任务顺利完成。

3) 基准信息的关键供给

航天测控系统自飞行任务启动至结束，持续为其他系统供给详尽的轨道参数、姿态状态数据、遥测原始资料及其处理成果，以及航天器的全程控制记录。这些数据资源是支持即时及后续深入技术分析与设计优化的重要基石。

地基智能探测系统基于专业划分，由无线电测控、光学测量、通信、数据处理、监控显示、时间同步和辅助支持等多个子系统紧密构成。这些子系统通过高效协同，实现对航天器的全方位监测与控制功能。

在航天任务中，各子系统均承担不可或缺的角色，本章着重探讨通过探测设备捕获的空间目标信息，进行深入分析，主要聚焦于空间目标的精确辨识、连续追踪和轨道精确测定等核心任务。此类研究旨在优化地基智能探测系统的整体效能与运行效率，确保其在航天探索与任务执行中能够充分发挥其最大效用与潜力。为了完整性，各子系统介绍如表 4-1 所示。

表 4-1　地基智能探测系统组成及介绍

地基智能探测系统组成	子系统介绍
无线电测控子系统	利用信号跟踪和测量空间目标，确立其轨道和特性参数。地面发射机通过天线发送信号，接收设备处理返回信号，测量距离、角度和速度等。其具有全天候工作、高精度、远距离作用、多样信息传输和实时数据输出等优势
光学测量子系统	利用光学信号对空间目标进行飞行轨迹、状态和物理特性测量。常用设备包括光电经纬仪、望远镜、高速摄像机、红外辐射仪、弹道照相机和激光雷达等。尽管作用距离较近，受天气影响，但定位精度高、直观性强
数据处理子系统	包括计算机、外设和应用软件，负责加工和计算测量数据。主要功能是根据预定方案选择和分析测量信息，生成可用输出，如轨道上的航天器通过处理测轨和遥测数据，了解轨道和系统状态，发出指令，并提供精密数据给用户
监控显示子系统	通过曲线、图像、字符等形式直观显示相关信息，使得指挥控制人员能实时分析和判断空间目标的飞行状态和轨道情况。新型分布式结构的监控显示系统具备高可靠性、强适应性和可扩展性
通信子系统	在航天任务中承担数据、时频信号、话音、图像和指挥调度等通信服务，包括场区内部、跨场区和外事通信系统
时间同步子系统	为测控系统提供标准时间和频率信号，由授时系统和相关设备组成。授时系统发播国家级时间和频率基准信号，设备包括定时校频设备、频率标准源、时间码产生器和放大分配器
辅助支持子系统	包括气象保障、大地测量保障、供配电、空调以及海上测量船的船位、船姿测量和船上跟踪天线波束指向稳定等系统

4.1.1　地基智能探测系统架构设计

测控总体设计依据国家空间科学中长期发展规划及航天任务对测控系统的具体需求，同时结合测控系统自身的发展蓝图和技术现状。设计过程秉持"适用性、可靠性、先进性、经济性"并重的核心理念，确保精准匹配工程任务需求，实现成本与效益的最优化。以下是设计所依赖的关键要素概述。

(1) 运载火箭与航天器轨道数据：包括发射场精确坐标、发射方向设定、弹道关键参数记录、航天器入轨点具体参数、运行轨道全面信息和返回型航天器的回收轨道规划等，这些基础数据为后续分析计算奠定坚实框架。

(2) 测控分系统配置与性能指标界定：明确测控频段与频点选择、调制技术方式、天线具体技术规格与方向图、天线极化模式、遥测与遥控标准等核心参数。

(3) 航天器对测控网的具体需求清单: 涵盖轨道测定精度标准设定、遥测数据接收与处理规范、遥控指令与数据注入要求、轨道控制需求、返回控制及回收流程规划、长期运行管理策略制定等。

(4) 地面测控站布局与设备配置现状调研: 详细记录各测控站地理位置、设备配置明细、性能技术指标、接口标准、通信链路关系和遵循的通信协议。

(5) 航天器应用部门特定需求收集: 如轨道与控制精度标准设定、遥控指令分配与数据注入规则制定、长期管理指导原则确立等。

(6) 载人航天任务特殊要素考量: 特别强调航天员安全控制机制、逃逸救生策略等方面的需求。设计初期还需深入了解航天器及其有效载荷的性能指标、分系统构成及其工作原理, 以确保设计全面覆盖并满足所有关键需求。

测控总体设计应遵循以下基本原则。

(1) 满足合理需求: 充分满足航天器研制与应用部门对测控网的合理需求, 针对具有挑战性的要求, 进行详尽论证与协商, 旨在减轻航天器运行负担。

(2) 资源最大化利用: 在确保测控需求得到满足的前提下, 优先利用现有的测控站(船)和设备资源。若需新增测控站(船)、研发新设备或对现有设备进行改造, 应严格控制成本, 并合理调配测量船的使用。

(3) 强化安全与可靠性: 确保关键测控项目和弧段具备高度的安全与可靠性。实施测控手段冗余设计, 确保地面设备故障时, 备份系统可即时接替, 同时地面测控系统需具备有效的应急响应能力。

(4) 促进国际合作: 在立足本国测控能力的基础上, 积极寻求国际合作机会, 争取实现国际测控网互联。在平等互利的原则下, 开展国际测控支持合作, 并在必要时考虑在国外建设测控站点。

测控系统总体设计的主要任务包括以下几个方面。

(1) 战略研究: 根据国家航天技术战略部署, 开展航天测控技术的战略研究, 制定一定时期内的航天测控系统和技术发展目标、战略与政策。

(2) 制定发展规划: 依据战略研究结果和测控技术发展趋势, 制定5年或10年的中长期发展规划, 明确测控系统的建设规模、分布范围、大型设备研制项目和预期技术水平, 并进行经费概算。

(3) 技术经济可行性论证: 对国家重大航天工程项目中的测控系统进行技术、经济可行性论证, 并提交可行性报告。

(4) 制定总体技术方案: 依据航天工程项目的正式要求, 论证并制定测控系统总体技术方案, 包括测控对象、任务与要求、系统总体方案、精度分析、可靠性设计、设备配置、信息流程和接口要求等。

(5) 制定设备总体方案和研制任务书: 根据系统总体要求, 论证制定设备总体方案和研制任务书, 内容涵盖测控设备的任务、功能和组成, 主要技术指标论证和技术手段的可行性分析。

通过上述步骤, 确保测控系统设计科学合理, 满足各项技术和经济要求, 保障航天任务的顺利实施。

确定测控站概略坐标后，选址需进一步考量以下要素。

(1) 地形条件：针对中低轨道航天器测控，站点应设于地形开阔、确保天线视野无遮挡之地，以便快速捕获目标并保障充足的轨道观测时长，方位角覆盖全周(0°～360°)，俯仰角遮蔽限制在 3°以内。对于高轨道航天器测控，可适当放宽俯仰角遮蔽要求。深空测控站选址则需特别规避电磁干扰，优选地形低洼处以减少外部干扰。

(2) 电磁环境条件：站址周边电磁环境需保持纯净，避免任何可能损害设备的干扰信号，其场强应低于无线电接收设备灵敏度阈值。同时，需远离高压电力线、微波通信站、导航台、电视转播站和移动通信基站等电磁辐射源。此外，需合理规划测控站内置的大功率微波发射设备，确保对周边居民区的辐射强度符合国家安全标准。

(3) 气象条件：选址应规避雷暴频发区域和强风地带，确保全年晴天日数占比不低于30%，以优化光学设备的观测与校准条件。

(4) 地质水文条件：站点应远离地质断裂带和滑坡易发区，选择地质结构稳定，能够承受天线基座静态与动态负载的区域，并确保有稳定可靠的水源供应。

(5) 社会依托条件：选址需综合考虑与通信枢纽、电力供应站和生活物资供应点的合理距离，以确保运维便利与后勤支持。

4.1.2　地基智能探测系统的信息处理方案

1. 信息处理系统的性能要求

为有效支持航天测控中心运作，信息处理系统需满足以下性能要求。

(1) 数据处理能力：数据处理计算机必须具备强大的处理能力，以便快速、实时地完成复杂的轨道计算、航天器姿态计算和其他信息的加工处理任务，从而提供高精度的准实时或事后处理结果。这种处理能力与测控系统的需求和当时计算机技术的发展水平密切相关。

(2) 控制能力：信息处理系统必须具备强大的实时控制能力，不仅对控制对象进行实时控制，还需对数据处理计算机本身进行有效控制。

(3) 实时性：为了实时提供航天器的轨道和姿态信息，数据处理计算机的实时性要求极高，必须在极短的时间内(如 50ms，甚至 20ms 或更短)完成数据的计算和处理。

(4) 计算精度：对于高速飞行的火箭和航天器，必须提供精确的计算结果，否则将造成不可弥补的损失。

(5) 可靠性：信息处理系统在测控任务中处于核心地位，因此要求其具有高可靠性，尤其在关键时段，必须确保系统绝对可靠，以保证测控任务和指挥调度的顺利完成。

(6) 技术档案的完备性：在执行测控任务时，信息处理系统应将测控系统的原始数据、输出信息、决策结果和自身的运行状态信息实时地存入技术档案库，形成完整的火箭和航天器测控资料。

2. 信息处理系统的结构

信息处理系统架构常分为集中式与分布式两大类，以下是对两者的具体阐述。

(1) 集中式系统架构：传统信息处理系统多采用集中式架构，即由单一计算机系统承担全部测控任务。为增强系统可靠性，常实施双机热备冗余设计，其中一台计算机作为主处理单元独立运行，另一台则作为备份待命。此架构优势在于结构简明、实时响应快，且与控制设备的通信链路直接相连，有助于提升系统稳定性和问题诊断效率。早期测控中心信息处理系统因数据量有限，未配置数据仿真服务器和存储设备，但随着数据规模增长，后续需增设相应设备。

(2) 分布式系统架构：当前，信息处理系统更倾向于分布式系统架构，具体形式包括功能分布式系统、全分布式系统和层次化网络结构。

功能分布式系统：通过网络连接执行不同任务的独立计算机，形成功能明确的分布式系统。该架构适用于功能复杂、用户众多、需求多样化的数据处理场景。各计算机预先分配固定任务(如外测、遥测)，静态功能分配减少了动态调度的复杂性和延迟。同时，各计算机也采取冗余措施以保障可靠性。功能分布式系统架构的优势在于可以延长系统生命周期、简化软件设计、提升系统可靠性，并具备良好的可扩展性和灵活性。

全分布式系统：由多台自主运行的计算机组成，特点在于系统中任意两台计算机间可自由通信；各计算机无主次之分，均独立作业；系统资源对所有用户开放；多台计算机可协同完成同一任务。

层次化网络结构：随着航天测控任务的增多和网络技术的进步，信息处理系统正逐步向层次化网络结构发展，以适应未来系统的扩展需求。层次化网络结构一般由中心交换机、次级交换机及服务器、更次级交换机和工作站等层级构成。

3. 信息处理系统的信息接口

随着航天测控系统的不断进步，信息处理系统与其他系统之间的互联模式也在持续演变。为适应航天测控任务对信息处理系统提出的新挑战，信息处理系统采用多层次、高速率的分布式网络架构。该架构通过航天通信系统实现与各测控站点、船舶及其他中心的无缝对接，构建外部信息交互通道；同时，依托中心内部的局域网，与显示系统、测轨管控、时间统一设备等紧密相连，形成内部信息流通网络。这些信息接口涵盖了卫星通信接口、光缆接口等多种形式，专门用于处理外部测量数据、遥测数据、光学观测数据等关键信息。

4. 信息处理系统的构成部分

任务指控中心的信息处理系统是测控和指挥的中枢，责任重大，任务复杂，接入设备多，是测控网设计的关键内容之一。信息处理系统通常包括：

(1) 中心主干网交换机。

(2) 综合处理子系统，包括轨道计算服务器组、遥测遥控服务器组。

(3) 数字仿真子系统。

(4) 数据存储子系统。

(5) 操作监视子系统。

(6) 航天员应急救生子系统。

(7) 航天器长期管理子系统。

(8) 前端通信子系统。

(9) 开发测试子系统。

(10) 网络设备。

常用的专用外部设备包括通信服务器、时统中断设备、双工控制设备、多机控制设备，以及合二为一的时统中断双工控制设备等。

4.2　地基智能识别与跟踪

地基探测目标的智能识别与跟踪涉及几个核心环节：首先，借助先进的图像处理技术，航天器能够有效提取并精确分类目标特征。其次，系统运用模式识别与机器学习算法，实现目标的自动化识别与动态更新，进而提升识别精度与效率。再次，跟踪算法是确保航天器稳定、持续追踪目标的关键，为后续的导航与决策提供坚实的数据基础。最后，引入多源信息融合技术，显著增强了识别流程的可靠性与鲁棒性。

4.2.1　目标智能识别概述

目标智能识别集成了图像处理、模式识别与机器学习等核心技术。首先，通过高分辨率传感器获取目标图像，应用图像处理技术提取特征，再利用模式识别算法进行分类和识别。机器学习技术的引入，使系统具备自我学习和优化能力，从而提升识别的准确性和效率。此外，多源信息融合技术的应用增强了识别过程的可靠性和鲁棒性。

地基智能探测系统的信息处理系统是一个高度集成且复杂的系统，其核心在于目标智能识别技术。这项技术融合了图像处理、模式识别与机器学习等多个领域的前沿科技，构建了一个能够迅速、准确地识别各类目标的强大工具。高分辨率传感器的应用是该系统的基础，它们能够以极高的精度捕捉目标图像，为后续图像处理提供丰富的数据源。传感器技术的进步使现代地基智能探测系统能够在各种环境条件下稳定工作，无论光线变化、天气影响，还是目标距离的远近，都能保持图像的高清晰度和细节表现力。

获取到高清图像后，图像处理技术从海量图像数据中提取关键特征信息，如目标的形状、轮廓、颜色和纹理等。模式识别算法根据提取的图像特征对目标进行自动分类和识别，比较已有数据库中的数据，找出最匹配的分类，从而确定目标的身份。仅靠传统图像处理和模式识别技术，难以应对复杂多变的目标识别任务。机器学习技术赋予系统自我学习和优化的能力，通过大量训练数据，模型能够更准确地识别目标。随着数据积累和模型训练，系统的识别能力不断提升。

此外，多源信息融合技术也是地基智能探测系统中不可或缺的一环。系统可能会同时接收到来自多个传感器或多个角度的数据，多源信息融合技术能够有效整合这些信息，增强识别的可靠性和鲁棒性。地基智能探测系统还包括一系列的数据预处理和后处理技术。数据预处理主要是对原始图像进行去噪、增强等操作，以提高图像质量，便于后续特征提取和识别。后处理则对识别结果进行进一步验证和优化，确保输出的准确性。总的来说，地基智能探测系统的信息处理系统是一个融合了图像处理、模式识别、机器学习和多源信息融合等技术的先进系统，不仅具备高效的数据处理能力，还能通过自我学习和优化不断提升性能，在军事侦察、安全监控、智能交通等多个领域都有广泛应用前景。

4.2.2 雷达的跟踪与识别

利用地基雷达进行空间目标的跟踪与识别是一项复杂且重要的任务，其核心在于精准地捕捉、追踪并识别空间中的各类物体。这一过程面临多重挑战与问题，以下是对其关键环节的梳理：

首先，在跟踪与识别的基本流程中，首要任务是目标检测。地基雷达需发射电磁波束广泛扫描天空，从背景中区分并接收来自目标的微弱反射信号，这一过程要求高水平的信号分析能力。其次，初始定位的准确性直接影响后续跟踪的效率，雷达需精确记录目标的距离、方位角、仰角等参数。在目标跟踪阶段，雷达需持续监测目标的运动状态，通过算法预测其轨迹，并及时调整扫描策略以保持连续跟踪。最后，特征提取与目标识别环节同样关键，雷达需提取目标的雷达截面积、形状、结构等特征，并与已知目标类型进行比对，这一过程要求高度的数据处理与模式识别能力。

然而，上述过程中也伴随着诸多挑战与注意事项。雷达性能是影响跟踪与识别效果的关键因素，其分辨率、灵敏度、动态范围等特性需不断优化以适应复杂多变的空间环境。同时，数据处理能力成为制约识别准确性的瓶颈，高效的信号处理与数据分析算法是提升识别效率与精度的关键。此外，大气条件、电磁干扰等环境因素对雷达性能构成显著影响，须采取有效措施减轻其干扰。目标自身的特性，如大小、形状、材料，也直接影响其反射特性，增加了识别的难度。

为了应对上述挑战，地基雷达系统还需不断优化与升级。通过提高系统集成度，将地基雷达与其他传感器(如光学望远镜)相结合，可以显著增强监测能力，扩大覆盖范围，提高识别的准确性与可靠性。

综上，利用地基雷达进行空间目标的跟踪与识别，是一个涉及多环节、高技术含量的复杂过程。它面临着目标检测、初始定位、持续跟踪、特征提取、目标识别和数据处理等多方面的挑战。随着技术的不断进步与升级，地基雷达系统在未来有望实现更高效、更精确、更可靠的跟踪与识别。

4.2.3 目标轨迹关联与确定

在地基探测航天器的任务中，目标轨迹的关联与确定至关重要，直接影响空间目标连续且精确运动轨迹的跟踪与识别。这一过程要求高效的数据处理能力与算法精确性，并须考虑目标动态变化的复杂性和环境干扰。

目标轨迹关联与确定的关键技术在于轨迹关联算法。例如，最近邻(nearest neighbor, NN)法因其实现简单且计算效率高而被广泛应用，可以有效匹配连续观测数据中最接近的目标轨迹点。对于密集目标或轨迹交叉的情况，航迹分裂技术通过合理假设并分配观测数据至多个可能的轨迹，提高了算法处理复杂情况的能力。多假设跟踪(multiple hypothesis tracking, MHT)通过维护并更新多个假设轨迹集，增强了轨迹关联的稳定性与准确性,尤其在处理遮挡和观测丢失等问题时更为有效。

另外,目标特征提取与匹配技术对于精确识别和追踪同样关键。该项技术通过提取目标的形状、纹理、光谱特性和运动参数等特征,并与预设或实时生成的模板进行比较,降低了误报率并提高了识别精度与速度。这些特征有助于从复杂背景中区分目标与噪声,为后续的轨迹分析提供了信息基础。

轨迹分析是必要的步骤,它涉及分析目标的速度、加速度、方向变化和行为模式,如周期性运动和异常机动。这为当前任务决策提供即时、准确的数据,并为长期任务规划、目标预测和风险评估提供依据。借助机器学习和数据挖掘等技术,轨迹分析能够自动发现潜在规律,优化资源分配,提高地基探测航天器的整体运行效能。

4.2.4 目标自跟踪方法

目标自跟踪方法是一个综合性技术体系,其核心组成部分包括特征提取、运动模型构建、在线更新机制和深度学习的应用。

特征提取:作为自跟踪流程的第一步,特征提取环节运用图像处理算法,从图像或视频帧中精确提取目标的颜色、纹理、形状等关键特征。这些特征具有区分度,能够有效区分目标与背景,并为后续跟踪算法提供稳定可靠的依据。

运动模型构建:基于目标在连续视频帧间的运动规律和模式,构建精确的运动模型。该模型能够分析目标的运动特性,预测其未来视频帧中的可能位置,确保跟踪过程的连续性和平滑性。通过持续优化和调整运动模型,提高跟踪的准确性和响应速度。

在线更新机制:考虑到目标状态和环境条件的变化,引入高效的在线更新机制。该机制实时收集和处理新观测数据,动态调整和优化跟踪策略。这种适应能力使跟踪系统能够在复杂多变的场景中保持稳定的性能,有效应对各种挑战。

深度学习的应用:随着深度学习技术的发展,其在目标自跟踪领域的应用越来越广泛。通过训练深度学习模型,自动学习和提取目标的深层次特征表示,提高自跟踪的准确性和鲁棒性。此外,深度学习模型具备强大的泛化能力,能够处理不同场景下的自跟踪任务,为实际应用提供更灵活可靠的解决方案。

综上所述,目标自跟踪方法通过综合运用特征提取、运动模型构建、在线更新机制和深度学习的应用等技术,实现了对目标的高效、准确和鲁棒跟踪。这一方法不仅提升了跟踪系统的整体性能,还为后续的目标识别、行为分析和预测等任务奠定了基础。

4.3 空间目标轨道确定方法

4.3.1 空间目标定轨问题

定轨的基本过程是利用带有测量误差的测量数据,并结合航天器受到的动力学约束,来获取航天器状态的最佳估值。精密定轨扩展了传统的轨道改进概念,不仅能够定位卫星轨道,还能确定与轨道相关的动力学或测量物理参数,因此也称为轨道确定与参数估计。定轨计算通常采用基于线性估计技术的统计动力学方法,因此又称为统计定轨。

精密定轨是通过优化待估参数，使得观测量与基于动力学模型计算的理论值最佳拟合的过程。这意味着通过探测器的动力学方程建立时间(探测器位置)和加速度之间的关系，同时利用地面跟踪数据建立时间(探测器位置)和观测量之间的测量关系。前者解释了探测器运动的原因，后者为动力学提供约束和信息。这两者之间的关系称为观测方程：

$$o_i = c_i \bar{X}_i \left(\bar{X}_0, t_0, t_i \right) + \varepsilon_i \tag{4-1}$$

式中，o_i 为 t_i 时刻的观测值；ε_i 为观测噪声；c_i 为理论观测值，由探测器状态矢量 $\bar{X}_i = [r_i, \dot{r}_i, \bar{p}_i]$ 中的探测器位置结合地面观测站坐标计算得到，r_i 为位置，$\dot{r}_i$ 为速度，$\bar{p}_i$ 为其他与观测量有关的参数；$\bar{X}_0$、t_0 分别为待求参数初始值和初始时刻。精密定轨就是基于获取的 n 个有效观测值使 $[\varepsilon]^{\mathrm{T}} W [\varepsilon] \approx 0$，其中 $W = \mathrm{diag}\left(\sigma_1^{-1}, \sigma_2^{-1}, \cdots, \sigma_i^{-1} \right)$，为由观测量测量精度决定的权重矩阵，$\sigma_i$ 为对应观测值的噪声水平。

由于难以获取探测器位置递推解析表达式，因此需要进行线性化。实际情况中 $\bar{X}_0$ 也无法精确得知，需要一段时间的观测值进行解算，这也是精密定轨的目的之一。假设 $\bar{X}_0^*$ 接近初始真实值，$\bar{X}^*$ 接近真实轨道状态，则有

$$\bar{x} = \bar{X} - \bar{X}^* \tag{4-2}$$

式(4-2)对时间求一阶导数，$\dot{\bar{X}} = [\dot{r}, \ddot{r}, 0]$，$\ddot{r}$ 表示加速度，则有

$$\dot{\bar{x}} = \dot{\bar{X}} - \dot{\bar{X}}^* \tag{4-3}$$

在 $\bar{X}^*$ 处将微分方程(4-3)按泰勒级数展开：

$$\dot{\bar{x}} = \left(\frac{\partial \dot{\bar{X}}}{\partial \bar{X}_0} \right) \left(\bar{X}^*, t \right) \bar{x} + \cdots \tag{4-4}$$

由于 $\bar{X}^*$ 已经很接近真实值，式(4-4)考虑一阶导数项就足够精确，省略二阶及以上的导数项，记 $A(t) = \left(\partial \dot{\bar{X}} / \partial \bar{X}_0 \right) \left(\bar{X}^*, t \right)$，即探测器的速度和加速度对待求参数求偏导。状态矢量对待估参数求偏导，即映射矩阵 $D(t, t_0) = \left[\partial \bar{X}(t) / \partial \bar{X}(t_0) \right]$，还可以细分为状态转移矩阵 $\Phi(t, t_0)$ (对探测器初始轨道求偏导)和参数敏感矩阵 $S(t, t_0)$ (对其他与时间无关的参数求偏导)。$S(t, t_0)$ 矩阵中还需要区别局部参数和全局参数的参数敏感，如太阳光压、测量偏差、测站偏差等具有单弧段特性的参数属于局部参数，如重力场系数、固体潮勒夫数等在多个弧段都需要保持一致自洽的参数属于全局参数。展开可以写成：

$$D = \Phi S = \begin{bmatrix} \dfrac{\partial r(t)}{\partial \left(r(t_0), \dot{r}(t_0), \bar{p} \right)} \\ \dfrac{\partial \dot{r}(t)}{\partial \left(r(t_0), \dot{r}(t_0), \bar{p} \right)} \end{bmatrix} \tag{4-5}$$

$\boldsymbol{\Phi}$ 涉及的初轨也属于局部参数。以解算探测器初始轨道根数为例，方程可以退化成 $\dot{\bar{x}} = A(t)\bar{x}$，此方程的解为 $\bar{x} = \boldsymbol{\Phi}(t,t_0)\bar{x}_0$，仅保留状态转移矩阵。求解此方程需要先对 t 求导，$\dot{\bar{x}} = \dot{\boldsymbol{\Phi}}(t,t_0)\bar{x}_0$，综合后写成 $\dot{\boldsymbol{\Phi}}(t,t_0) = A(t)\boldsymbol{\Phi}(t,t_0)$，展开可得

$$\begin{cases} \dot{\boldsymbol{\Phi}} = \begin{bmatrix} \boldsymbol{0}_{3\times3} & \boldsymbol{I}_{3\times3} \\ \dfrac{\partial \ddot{\boldsymbol{r}}}{\partial \boldsymbol{r}_0} & \dfrac{\partial \ddot{\boldsymbol{r}}}{\partial \dot{\boldsymbol{r}}_0} \end{bmatrix} \boldsymbol{\Phi} \\ \boldsymbol{\Phi}(t,t_0) = \boldsymbol{I} \end{cases} \tag{4-6}$$

式中，$\ddot{\boldsymbol{r}}$ 为探测器受到的加速度，需要借助积分器解算此变分方程。同理，若解算其他弧段参数和初始轨道根数，则采用映射矩阵，构成新的变分方程，借助积分器求解。

进一步，观测方程也可以在 $\bar{\boldsymbol{X}}^*$ 处展开：

$$\begin{aligned} o &= c(\bar{\boldsymbol{X}},t) + \boldsymbol{\varepsilon} \\ &= c(\bar{\boldsymbol{X}}^*,t) + \frac{\partial c}{\partial \bar{\boldsymbol{X}}}(\bar{\boldsymbol{X}}^*,t)\bar{x} + \cdots + \boldsymbol{\varepsilon} \end{aligned} \tag{4-7}$$

令 $\tilde{\boldsymbol{H}} = \partial c/\partial \bar{\boldsymbol{X}}$，泰勒展开的第一余项代表观测值对待估参数的偏导数，由观测模型给出。运动方程状态转移完整表达式为 $\bar{x} = \boldsymbol{D}(t,t_0)\bar{x}_0$，$\boldsymbol{D}$ 由积分器解算，进一步简化为

$$\begin{aligned} o - c(\bar{\boldsymbol{X}}^*,t) &= \tilde{\boldsymbol{H}}\bar{x} + \boldsymbol{\varepsilon} \\ &= \tilde{\boldsymbol{H}}\boldsymbol{D}(t,t_0)\bar{x}_0 + \boldsymbol{\varepsilon} \end{aligned} \tag{4-8}$$

进一步简化式(4-8)的观测残差，记作 y，记 $\boldsymbol{H} = \tilde{\boldsymbol{H}}\boldsymbol{D}(t,t_0) = (\partial c/\partial \bar{\boldsymbol{X}})(\partial \bar{\boldsymbol{X}}/\partial \bar{\boldsymbol{X}}_0)$，构建观测值和待估参数之间的关系。通俗来讲，要对探测器初始状态和待估参数求偏导数，需要实时探测器动力学状态作为中间桥梁。标准误差方程为

$$y = \boldsymbol{H}\bar{x}_0 \tag{4-9}$$

为使 $[\boldsymbol{\varepsilon}]^{\mathrm{T}}\boldsymbol{W}[\boldsymbol{\varepsilon}] \approx 0$，由最小二乘法可以解得

$$\hat{x}_0 = \left(\boldsymbol{H}^{\mathrm{T}}\boldsymbol{W}\boldsymbol{H}\right)^{-1}\left(\boldsymbol{H}^{\mathrm{T}}\boldsymbol{W}\right)y \tag{4-10}$$

定轨计算需要经过几次迭代计算，迭代结束的标志是两次相邻计算结果得到的观测值残差的均方根差异小于 2%。需要注意的是，$\hat{x}_0$ 一般仅涉及单个弧段参数，称为局部参数。对于全局参数的求解，需要组合多弧段法方程，先在单弧段定轨中输出 $\boldsymbol{H}$ 矩阵信息，最后重新组合成多弧段法方程。若部分待求参数具有一定先验信息或者约束，可以采用带有约束最小二乘估计：

$$\hat{x}_0 = \left(\boldsymbol{H}^{\mathrm{T}}\boldsymbol{W}\boldsymbol{H} + \boldsymbol{P}_0^{-1}\right)^{-1}\left(\boldsymbol{H}^{\mathrm{T}}\boldsymbol{W}y + \boldsymbol{P}_0^{-1}\bar{x}_0^*\right) \tag{4-11}$$

式中，$\boldsymbol{P}_0$ 是先验协方差矩阵；$\bar{x}_0^*$ 是待求参数的约束。

4.3.2　精密定轨方法

由于轨道动力学方程和观测方程都是非线性方程，为了能够方便计算，需要对方程进行线性化处理。线性化处理后得到的结果为近似结果，可以考虑采用批处理算法、序贯处理算法、卡尔曼滤波处理算法提高定轨精度。

1. 批处理算法

观测量与航天器状态量存在一定的联系，可以表示为

$$Y = G(t, X) + \varepsilon \tag{4-12}$$

式中，Y 表示观测量；ε 表示测量噪声。同样，对式(4-12)在参考状态处展开，略去高阶项有

$$y = H\Delta X + \varepsilon \tag{4-13}$$

式中，

$$\begin{cases} y = Y - G(t, X^*) \\ H = \tilde{H}\Phi(t, t_0) \\ \tilde{H} = \left.\dfrac{\partial G}{\partial X}\right|_{X = X^*} \end{cases} \tag{4-14}$$

式中，$\tilde{H}$ 表示观测量对观测历元处状态量的观测偏导数；H 表示对改进历元状态量的观测偏导数。

批处理算法是最小二乘估计的经典算法，即一个时间序列的全部数据 $Y_1, Y_2, \cdots, Y_k, Y_{k+1}, \cdots, Y_{k+s}$ 整批地参加解算，根据加权最小二乘原理，所有观测数据的最优估计为

$$\hat{X}_{k/k+s} = \left(\sum_{l=1}^{k+s} \Phi_{l,k}^{\mathrm{T}} H_l^{\mathrm{T}} W_l H_l \Phi_{l,k} \right)^{-1} \left(\sum_{l=1}^{k+s} \Phi_{l,k}^{\mathrm{T}} H_l^{\mathrm{T}} W_l y_l \right) \tag{4-15}$$

式中，下标 $k/k+s$ 中 k 表示状态量 $\hat{X}$ 对应的时刻 t_k，$k+s$ 表示使用了 $k+s$ 组数据进行参数的最优估计。k 可以随意选取 1 至 $k+s$ 中的任意数值。图 4-1 为批处理算法流程。

2. 序贯处理算法

序贯处理算法可以用下述过程进行说明：将观测历元时刻 $t_1, t_2, \cdots, t_k, t_{k+1}, \cdots, t_{k+s}$ 对应的观测数据 $Y_1, Y_2, \cdots, Y_k, Y_{k+1}, \cdots, Y_{k+s}$ 分为两批，首先由 $Y_1, Y_2, \cdots, Y_k$ 获得 X 的最优估计，然后丢掉这批观测数据，再利用估计值与后一批数据 $Y_{k+1}, Y_{k+2}, \cdots, Y_{k+s}$ 求得新的最优估计，这不同于批处理算法中将 $k+s$ 个观测数据一并处理获得最优估计的过程。简单来说，序贯处理算法就是每获取一批数据，就利用之前获取的最优估计信息与最新的观测数据再进行一次估计，其处理流程见图 4-2。

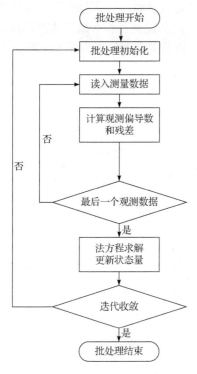

图 4-1　批处理算法流程

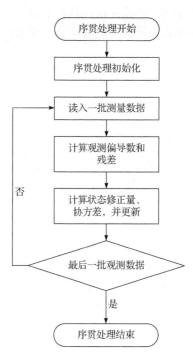

图 4-2　序贯处理算法流程

假设已知 $Y_1, Y_2, \cdots, Y_k$ 的估值 $\hat{x}_k$ 和协方差矩阵 $\hat{P}_k$，则再结合 $Y_{k+1}, Y_{k+2}, \cdots, Y_{k+s}$ 获取 t_{k+s} 时刻的状态量为

$$
\begin{cases}
\hat{X}_{k+s} = \overset{n}{X}_{k+s} + K_{k+s}\left(Y_{k+s} - H_{k+s}\overset{n}{X}_{k+s}\right) \\
\hat{P}_{k+s} = \left(I - K_{k+s}H_{k+s}\right)\overset{n}{P}_{k+s}
\end{cases}
\tag{4-16}
$$

式中，

$$
\begin{cases}
K_{k+s} = \overset{n}{P}_{k+s}H_{k+s}^{\mathrm{T}}(H_{k+s}\overset{n}{P}_{k+s}H_{k+s}^{\mathrm{T}} + W_{k+s}^{-1})^{-1} \\
\overset{n}{X}_{k+s} = \Phi_{k+s,k}\hat{X}_k \\
\overset{n}{P}_{k+s} = \Phi_{k+s,k}\overset{n}{P}_k\Phi_{k+s,k}^{\mathrm{T}}
\end{cases}
\tag{4-17}
$$

$\overset{n}{X}_{k+s}$ 为预报值；$\overset{n}{P}_{k+s}$ 为预报协方差阵。根据上述方法，可以将观测时间序列分为若干批次，每次处理一批数据，处理后丢掉该批数据，并递推处理下一批数据。式(4-16)中 s 表示新批次观测数据的个数，其值可以任意选取，当 $s=1$ 时，就可以构成类似于卡尔曼滤波的逐步递推公式。

简而言之，序贯处理算法使用上一个时刻的最优状态观测值和协方差矩阵与当前时刻的观测值对当前时刻的最优状态值和协方差矩阵进行估计。序贯处理算法是在轨道预测模型和观测量都存在误差和不确定性的条件下，根据误差值和卡尔曼滤波算法，估计出当前时刻的状态最优估计量。参考轨迹和经过定轨后的真实轨迹如图 4-3 所示。

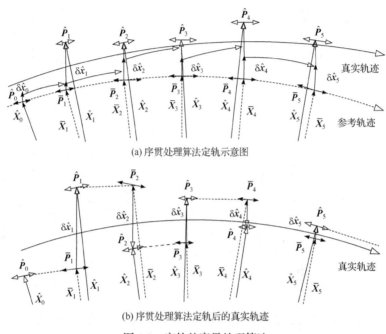

(a) 序贯处理算法定轨示意图

(b) 序贯处理算法定轨后的真实轨迹

图 4-3　定轨的序贯处理算法

3. 卡尔曼滤波处理算法

常引入卡尔曼滤波处理算法对轨道参数进行实时估计，在此进行简单的介绍。参考 2.2.2 小节，卡尔曼滤波的核心步骤包括预测和更新两个步骤。预测是根据上一时刻的状态、过程噪声和协方差矩阵，利用状态转移矩阵求当前时刻的理论状态值和理论协方差值。更新是首先根据当前时刻的观测值、观测方程和先验协方差矩阵计算卡尔曼滤波的增益；其次根据增益、当前时刻先验状态和观测矩阵计算当前状态的后验估计值；最后根据观测矩阵和增益求当前时刻后验协方差估计值。其中涉及两组核心公式，分别为时间更新方程和测量更新方程。

时间更新方程：

$$\begin{cases} \hat{x}_{\bar{k}} = \boldsymbol{\Phi}\hat{x}_{k-1} + u_{k-1} \\ \hat{P}_{\bar{k}} = \boldsymbol{\Phi}\hat{P}_{k-1}\boldsymbol{\Phi}^{\mathrm{T}} + \boldsymbol{Q} \end{cases} \tag{4-18}$$

测量更新方程：

$$\begin{cases} \boldsymbol{K}_k = \hat{\boldsymbol{P}}_{\bar{k}}\boldsymbol{H}^{\mathrm{T}}\left(\boldsymbol{H}\hat{\boldsymbol{P}}_{\bar{k}}\boldsymbol{H}^{\mathrm{T}} + \boldsymbol{R}\right)^{-1} \\ \hat{\boldsymbol{x}}_k = \hat{\boldsymbol{x}}_{\bar{k}} + \boldsymbol{K}\left(\boldsymbol{z}_k - \boldsymbol{H}\hat{\boldsymbol{x}}_{\bar{k}}\right) \\ \hat{\boldsymbol{P}}_k = \left(\boldsymbol{I} - \boldsymbol{K}_k\boldsymbol{H}\right)\hat{\boldsymbol{P}}_{\bar{k}}\left(\boldsymbol{I} - \boldsymbol{K}_k\boldsymbol{H}\right)^{\mathrm{T}} \end{cases} \tag{4-19}$$

批处理算法和序贯处理算法的异同也在此总结，按照实际任务需求选取。批处理算法使用所有观测数据来估计某个历元时刻的值，序贯处理算法根据当前时刻的观测值实时估计当前时刻状态量的最优估计值。由于状态矢量和理论观测模型之间具有非线性关系，批处理算法通过迭代使代价函数最小，序贯处理算法通常不需要迭代，取而代之的是处理先验值与参考值偏差较大的问题和协方差的管理问题。批处理算法迭代过程中需要存储大量的数据供下次迭代使用，序贯处理算法不需要存储上一次的观测数据，只需要上一次计算的估计值、协方差和本次的观测值，计算量很小，适用于实时估计。

批处理算法一般不存在发散问题。序贯处理算法的协方差很小时，会对观测数据比较不敏感，导致数据过多地采用数学模型而使结果发散；协方差很大时，会过多地相信观测数据，也有可能导致结果发散，因此需要对过程噪声进行处理。批处理算法通常忽略过程噪声；序贯处理算法通常需要考虑过程噪声的问题，从而避免滤波的发散，合适的过程噪声模型的加入可以得到更准确的实时状态估计值，减少前期观测数据对定轨的影响，增加新增数据的影响。批处理算法通过同一条参考轨道对所有观测数据进行处理，如果残差明显大于平均残差水平，即认为是异常数据，需要剔除；序贯处理算法需要在先验协方差、测量数据权重和过程噪声之间保持某种平衡，来达到剔除异常观测数据的目的。

适用场景也有差异，批处理算法适用于卫星捕获后的定轨，利用卫星轨道的大量观测数据，来反推某个历元时刻的轨道参数。序贯处理算法一般是为了满足实时状态估计的需要，如星上的导航、行星际轨道的定轨和导航，通过融合过程噪声，补偿未知的加速度误差的影响，如大气阻力系数、太阳光压系数等，能够提供实时状态估计。

4.3.3　精密定轨误差分析

在定轨计算中，涉及的模型误差通常包括以下几个方面：①航天器运动模型与观测模型；②观测数据误差统计特性，主要为测量噪声；③数值计算中使用的物理参数自身的数值精度；④计算机数值计算中出现的截断误差与舍入误差等。待估参数所能实现的精度主要依赖于动力学模型和观测数据的精度。协方差分析理论从统计角度出发，分析各类误差对参数估计的影响。本小节对这些内容进行介绍。

1. 动力学模型的选取

动力学模型的选取直接关系到定轨精度，对所有的摄动力都进行精确建模显然是不现实的，一方面受限于认知能力，无法对航天器受到的所有受力进行精确建模；另一方面制约定轨计算精度的因素是多方面的，力模型仅是其中一个重要影响因素。因此，在实际定轨计算中，有必要就摄动力对定轨计算精度影响进行分析，而后根据定轨精度的需求对力模型进行必要的取舍，从而在保证定轨计算精度的前提下有效提升计算效率。

环绕型航天器的运动方程可以表示为

$$\ddot{\boldsymbol{r}} = \boldsymbol{F}_0(\boldsymbol{r}) + \boldsymbol{F}_\varepsilon(\boldsymbol{r},\dot{\boldsymbol{r}},t) \tag{4-20}$$

式中，$\boldsymbol{F}_0(\boldsymbol{r})$ 表示中心天体产生的作用力；$\boldsymbol{F}_\varepsilon(\boldsymbol{r},\dot{\boldsymbol{r}},t)$ 表示其余摄动源作用于飞行器的摄动

力。一般而言，摄动源引起的摄动加速度会远远小于中心天体的引力加速度。

摄动量级的分析通常采用摄动加速度 p 与中心天体的引力加速度的比值来表示为

$$\chi = \frac{|p|}{\mu / r^2} \tag{4-21}$$

式中，摄动量级 χ 代表了实际轨道因摄动源的存在而偏离理想二体问题轨道的程度，χ 通常是一个小量。摄动加速度也可以使用中心天体加速度与摄动量级表示为

$$|p| = \chi \left(\mu / r^2 \right) \tag{4-22}$$

由受摄运动方程可知：

$$
\begin{cases}
\dfrac{1}{a} \dfrac{\mathrm{d}a}{\mathrm{d}t} = O\left(\dfrac{2}{na} |P| \right) \\[2mm]
\dfrac{\mathrm{d}(e, i, \Omega, \omega)}{\mathrm{d}t} = O\left(\dfrac{|P|}{na} \right) \\[2mm]
\dfrac{\mathrm{d}M}{\mathrm{d}t} = O\left(\dfrac{3}{2} n \dfrac{\Delta a}{a}, 2 \dfrac{|P|}{na} \right)
\end{cases}
\tag{4-23}
$$

式中，a、e、i、Ω、ω、M 表示轨道根数的 6 个基本参数；Δa 表示半长轴 a 的变化量；n 表示轨道运动的角速率。

将式(4-22)代入式(4-23)，并对时间进行积分可得

$$
\begin{cases}
\dfrac{\delta a}{a} = O(2\chi n\delta T) \\[2mm]
\delta(e, i, \Omega, \omega) = O(\chi n\delta T) \\[2mm]
\delta M = O(1.5\chi n^2 \delta T^2, 2\chi n\delta T)
\end{cases}
\tag{4-24}
$$

式中，δT 为积分时间；δT^2 只有在半长轴有长期变化(非保守力作用)时才会出现。由式(4-24)可知，受摄运动轨道偏离无摄运动轨道的程度与摄动量级和轨道积分弧长是密切相关的，摄动加速度对轨道的影响主要反映在沿迹方向，而摄动量级的估计也是从"最大可能"出发。对式(4-24)第 3 个公式进行简单变换，可以给出在所要求精度条件下，需要考虑的最小摄动量级：

$$\chi \left(\frac{2\Sigma}{3n^2 \delta T^2}, \frac{\Sigma}{2n\delta T} \right)_{\min} \tag{4-25}$$

式中，Σ 表示预报弧段内需要达到的精度。对于具体问题，只需要进行摄动量级分析，当 $\chi > \chi_{\min}$ 时，该摄动力必须予以考虑，否则可以舍弃。基于上述的摄动量级分析理论，结合我国绕月探测卫星进行了基本的分析，给出了 CE-1 和 CE-2 摄动量级大小，如表 4-2 所示。

表 4-2 作用于嫦娥卫星环月阶段各摄动量级大小

摄动名称	CE-1 摄动量级(χ)	CE-2 摄动量级(χ)
太阳摄动	6.24×10^{-8}	5.32×10^{-8}
地球摄动	1.30×10^{-5}	1.11×10^{-5}
其他行星摄动	8.62×10^{-12}	7.34×10^{-12}
太阳辐射光压摄动	6.55×10^{-8}	5.88×10^{-8}
月球形状摄动	$9.91\times10^{-16}\sim4.88\times10^{-4}$	$4.06\times10^{-16}\sim5.43\times10^{-4}$
后牛顿摄动	8.44×10^{-10}	8.90×10^{-10}

对于嫦娥卫星 1 天定轨 10m 的精度要求，需考虑的最小摄动量级为

$$\chi_{\min} = \begin{cases} 6.15\times10^{-10}, & \text{非保守力} \\ 3.54\times10^{-8}, & \text{保守力} \end{cases} \tag{4-26}$$

因此，在工程定轨计算中，需要考虑的摄动力包括月球非球形摄动、太阳与地球的第三体摄动、太阳辐射压摄动。

2. 中心天体选取问题

航天器星历积分通常选取一个主天体作为中心天体，并选取中心天体的质心天球参考系作为研究运动的参考系。在该参考系下，中心天体的作用力为主要作用力，而其余源的作用力则作为摄动力考虑。根据摄动分析理论，星历积分选取的中心天体不同，各摄动源产生的摄动力相对于中心天体引力的摄动量级也会相应发生变化。另外，在不同中心天体的参考系下，卫星运动所表现出的特性也不尽相同。因此，选取合适的中心天体来研究飞行器的运动很有必要，甚至可以使问题研究变得简单。对于绕飞阶段的飞行器，通常选取绕飞天体作为中心天体，在深空探测巡航飞行阶段，则需要根据具体的飞行状态选择中心天体，下面就巡航飞行段的中心天体选取问题，对拉普拉斯影响球做详细介绍。

对于巡航飞行阶段的航天器，同样，当某一天体作用于航天器的引力构成主要作用力时，则将该天体作为中心引力体，中心引力体与航天器构成一个二体问题，而其余天体则看作是摄动源，航天器的运动作为受摄二体问题进行处理。拉普拉斯提出的基本原则是哪个天体能提供更小的扰动力与中心引力之比，则该天体应选取为中心引力体。

仅考虑航天器与两个天体构成的三体问题，如图 4-4 所示，记天体编号分别为 P_1 和 P_2，质量分别为 M_1 和 M_2，航天器标识为 S，质量为 M，且航天器的质量远小于天体质量。

若以天体 P_1 为中心天体，天体 P_2 为摄动

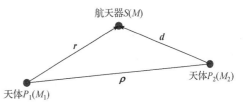

图 4-4 航天器受力摄动示意图

天体，P_1 和 P_2 引起的加速度分别为

$$a_{P_1} = \frac{GM_1}{r^2} \tag{4-27}$$

$$a_{P_2} = GM_2 \left[\left(\frac{d}{d^3} + \frac{\rho}{\rho^3} \right) \cdot \left(\frac{d}{d^3} + \frac{\rho}{\rho^3} \right) \right]^{\frac{1}{2}} \tag{4-28}$$

则天体 P_2 和 P_1 引起的加速度之比为

$$\left(\frac{a_{P_2}}{a_{P_1}} \right)_{C_1} = \frac{M_2}{M_1} r^2 \left[\left(\frac{d}{d^3} + \frac{\rho}{\rho^3} \right) \cdot \left(\frac{d}{d^3} + \frac{\rho}{\rho^3} \right) \right]^{\frac{1}{2}} \tag{4-29}$$

同理，若以天体 P_2 为中心天体，则天体 P_1 和 P_2 引起的加速度之比为

$$\left(\frac{a_{P_1}}{a_{P_2}} \right)_{C_2} = \frac{M_1}{M_2} d^2 \left[\left(\frac{r}{r^3} - \frac{\rho}{\rho^3} \right) \cdot \left(\frac{r}{r^3} - \frac{\rho}{\rho^3} \right) \right]^{\frac{1}{2}} \tag{4-30}$$

假设天体质量满足 $M_2 > M_1$，则必然存在 $\rho < d$ 或者 $r < \rho$，使得加速度之比相等，可以此临界值作为中心天体选取转换的标准。

3. 经验力补偿模型

目前常用的经验力补偿模型有三角级数模型和随机脉冲模型。三角级数模型将经验加速度表示为径向(R)、沿迹向(T)和轨道面法向(N)三个方向的三角级数的形式，即

$$a = \left\{ \bar{C}_0 + \sum_{n=1}^{K} \left[\bar{C}_n \cos(nf) + \bar{S}_n \sin(nf) \right] \right\}_{\exp} \tag{4-31}$$

式中，$\bar{C}_0$ 为经验力的常数加速度偏差；$\bar{C}_n$ 和 $\bar{S}_n$ 为经验加速度的余弦项系数和正弦项系数；K 为三角级数的阶次，具体可根据未建模因素的频率成分来确定，在多数情况下 K 取 1。

随机脉冲模型是给卫星施加一个假想的瞬时小脉冲，给卫星速度增加一个小量，从而实现对卫星轨道的微调，为了便于分析，随机脉冲一般用卫星轨道坐标系(RTN)方向的速度增量来描述，即

$$\begin{cases} r(t^+) = r(t^-) \\ r(t^+) = r(t^-) + (E)\delta v \end{cases} \tag{4-32}$$

式中，t^- 表示脉冲作用前；t^+ 表示脉冲作用后；δv 为 RTN 方向的速度增量。定轨解算时相应的状态偏导数对脉冲作用前、作用时和作用后分别表示。脉冲作用前偏导数：

$$\frac{\partial(r_i, \dot{r}_i)}{\partial(\delta v_i)} = 0 \tag{4-33}$$

脉冲作用时偏导数：

$$\frac{\partial(\boldsymbol{r}_i, \dot{\boldsymbol{r}}_i)}{\partial(\delta \boldsymbol{v}_i)} = \begin{pmatrix} \boldsymbol{0}_{3\times3} \\ \boldsymbol{I}_{3\times3} \end{pmatrix} \tag{4-34}$$

脉冲作用后偏导数：

$$\frac{\partial(\boldsymbol{r}, \dot{\boldsymbol{r}})}{\partial(\delta \boldsymbol{v}_i)} = \frac{\partial(\boldsymbol{r}, \dot{\boldsymbol{r}})}{\partial(\boldsymbol{r}_i, \dot{\boldsymbol{r}}_i)} \frac{\partial(\boldsymbol{r}_i, \dot{\boldsymbol{r}}_i)}{\partial(\delta \boldsymbol{v}_i)} = \begin{pmatrix} \dfrac{\partial \boldsymbol{r}}{\partial \dot{\boldsymbol{r}}_i} \\[2mm] \dfrac{\partial \boldsymbol{r}}{\partial \dot{\boldsymbol{r}}_i} \end{pmatrix} \tag{4-35}$$

4. 数据野值点剔除

观测误差一般分为系统误差、随机误差和过失误差，剔野的目的就是剔除包含过失误差的观测数据，即通常所说的野值。剔野的一个最基本的原则就是发生"将有效观测数据当野值剔除的误剔事件"的概率是一小概率。在实际工作中，假设出现野值的概率是一个小概率的孤立事件。因此，一旦知道观测中随机误差所服从的概率分布，就可以依据本原则建立相应的剔野准则。

$n\sigma$ 剔野准则是针对随机误差服从正态分布的观测序列提出的，其中 3σ 剔野准则(也称拉依达准则)对应误剔事件的发生概率不大于 0.3%。在测量学中，2.6σ 剔野准则也是较为常用的，其对应误剔事件的发生概率不大于 1%。若要求再严格些，就可以选 3.3σ 剔野准则甚至更大的 $n\sigma$ 值剔野。

对于时间序列的观测量 O_i，$i = 1, 2, \cdots, l$，假设对应的真值为 C_i，$i = 1, 2, \cdots, l$，观测中的随机误差分布服从正态分布，其相应的标准偏差为 σ。若观测量满足：

$$O_i - C_i - \varDelta_i > 3\sigma \tag{4-36}$$

则认为该观测包含过失误差，可当作野值予以剔除。式(4-36)中的 $\varDelta_i$ 为观测中所含的系统误差。

在实际工作中，存在以下几个问题：①真值 C_i 不可能准确知道；②系统误差 $\varDelta_i$ 也可能不知道；③观测随机误差的标准偏差 σ 也不能准确得到。对第一个问题，真值一般通过建立理论模型，计算给出其近似值。由此将可能引入建模误差，这是一种系统误差，但在实际工作中，常归于随机误差进行处理。对第二个问题，部分系统误差可通过事先标校给出(如设备的零值偏差、设备线路时延等)，部分也可通过建模给出(如对流层折射、电离层延迟等)，还有部分可能无法处理，于是被归入到随机误差中。对第三个问题，精确的 σ 值不能准确得到，但一般设备会给出一个其理论的精度指标，用这个值代替也比较合适。

在实际定轨计算中，标准偏差通常采用残差的均方根误差(RMS)来代替：

$$\hat{\sigma} = \sqrt{\frac{\displaystyle\sum_{i=1, l} v_i^2}{l - m}} \tag{4-37}$$

式中，$v_i = O_i - \tilde{C}_i - \tilde{\varDelta}_i$；$l$ 为观测总个数；m 为待估参数的个数。

在实际工作中，剔野处理一般是通过迭代来逐步完成的。将开始剔除野值的精度门限设置为较高的值，先估计相对准确的真值和系统误差，再统计观测残差的 RMS 值作为下次迭代剔野的精度门限，然后估计出似乎更准确的真值和系统误差，再统计 RMS，如此反复迭代，直至收敛为止。通常可以用前后两次迭代得到的 RMS 的差值来判断收敛，即当满足：

$$\left| \frac{\mathrm{RMS}^{(i)} - \mathrm{RMS}^{(i-1)}}{\mathrm{RMS}^{(i-1)}} \right| < \varepsilon \tag{4-38}$$

就可认为迭代收敛了。式(4-38)中 ε 是一个正小数，一般取 0.01 即可。

习　题

4.1　地基智能探测系统在航天探测任务中扮演了哪些关键角色？如何确保航天器在太空中安全稳定执行任务？

4.2　在保障航天任务实施中测控总体设计如何确保资源最大化利用，并同时考虑安全与可靠性？

4.3　在测控站选址过程中，为何需要特别考虑地形条件和电磁环境这两个要素？它们对测控站的功能和性能有何具体影响？

4.4　地基探测目标的智能识别过程中，机器学习技术的引入如何提升识别的准确性和效率？

4.5　在雷达的跟踪与识别中，哪些挑战与问题尤为关键，并且需要怎样的技术手段来应对？

4.6　简述定轨计算中批处理算法与序贯处理算法的优缺点。

4.7　目标轨迹的关联与确定过程中，如何有效地应对密集目标或轨迹交叉的情况，以确保跟踪的准确性和稳定性？

4.8　在目标自跟踪方法中，特征提取环节的重要性体现在哪些方面？这些特征如何影响后续的跟踪算法？

4.9　协方差分析理论在定轨计算中如何具体应用于分析模型误差对参数估计的影响？

4.10　低轨卫星相对于高轨卫星受到的摄动力有什么区别？

第 5 章

天基探测原理

5.1 天基探测体制

天基探测是利用位于天基平台的监测设备对空间目标进行探测。天基探测系统由于运行在太空环境,不会受到大气干扰、恶劣天气影响,同时可以全天候探测,且探测天区不受地理位置影响。通过调整卫星姿态和相机指向,可以探测到绝大部分天区,具有机动灵活的优势,可实现远距离广域监视。

5.1.1 天基探测手段

天基探测通常采用被动光学(红外和可见光)或主动雷达等手段,实现目标侦察、识别、定位等功能。其中,雷达探测主要利用无线电波或激光对目标进行探测,其抗干扰能力强、定位精度高,可以捕捉到小尺寸、远距离的空间目标。然而,雷达探测设备的体积和重量较大,这对天基平台的承载能力提出了较高的要求。红外探测采用红外成像原理,其优点是可对空间阴影区的目标进行探测,但其探测距离较短,导致探测到的目标信号弱,信噪比低,受背景起伏变化影响较大,目标有时甚至容易被背景噪声淹没,使空间目标监视变得困难。可见光探测采用可见光成像原理,其优点是可对非阴影区的空间目标进行探测,可满足对卫星、空间碎片、助推火箭、保护罩等多种类空间目标的探测需求,同时可获取高分辨率图像,探测距离远,具备同时对多个目标探测的能力,并且可见光图像处理系统成本较低,体积较小,易于搭载在天基平台上。表 5-1 总结了目前常用空间目标天基探测感知手段。

表 5-1　常用空间目标天基探测感知手段

常用传感器	测量信息	主要用途
激光雷达	目标距离、方位、速度、3D 成像	目标识别、定位、外观结构特征识别
毫米波雷达	目标距离、方位、速度、成像	
可见光相机	目标图像、方位信息	目标搜索、跟踪、外观结构特征识别
中远红外相机		

续表

常用传感器	测量信息	主要用途
激光告警器	目标激光的方向、波长、脉宽、功率/能量密度等	
微波告警器	目标微波的方向、频率、功率/能量密度等	潜在、异常威胁实时告警与溯源
粒子束告警器	目标电子、质子、中子等粒子的入射方向，能量通量密度等	

由于光学探测不主动发射电磁波，因此具有隐蔽性好、资源占用少、分辨率高等优势，是目前空间目标探测的主要手段。光学探测波段涉及紫外波段、可见光波段和红外波段。紫外波段特性主要来自航天器主动段助推尾焰、高温等离子体辐射等，空间目标在轨稳定运行辐射场景少，紫外波段特性较弱；可见光波段特性主要来自太阳光照反射，空间目标在轨运行长期受到光照影响，可见光波段特性较强；红外波段特性主要来自自发辐射与助推尾焰，空间目标在轨稳定运行存在稳定自发红外辐射与间歇的姿态轨道控制助推，红外波段特性较强。天基光学探测的基本过程如图 5-1 所示。

光学探测系统作为空间目标能量收集和光电转换的核心设备，不同搭载平台环境特性不尽相同，对光学探测系统探测能力的影响也有显著差异。接下来对可见光探测、红外探测和可见光/红外复合探测的基本原理及组成进行阐述。

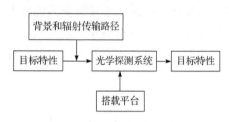

图 5-1　天基光学探测的基本过程

5.1.2　可见光探测原理及组成

天基可见光探测系统利用天基平台搭载专用可见光波段光学相机，通过捕捉目标反射的辐射能量来实施对空间目标的探测，进而完成对空间目标的捕捉、监视与跟踪任务。天基可见光探测系统工作在可见光波段，主要利用太阳光照射空间目标产生的反射光进行光学成像。对空间目标的光散射特性、运行轨道、几何形态构造，以及空间相机的工作流程的研究，构成了研发天基光学系统的基础工作。可见光探测系统的组成与原理图如图 5-2 所示，包括光学系统、图像传感器、信号处理模块、存储器、现场可编程门阵列(FPGA)、目标卫星成像识别与提取、星库、通信模块、恒星星点识别、坐标提取、角距解算。

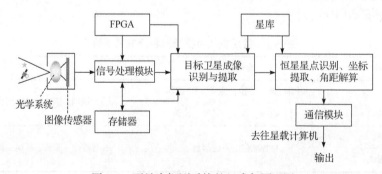

图 5-2　可见光探测系统的组成与原理图

为确保可见光探测器获得清晰图像，要求观测卫星在曝光时间内相对目标卫星运动的角度不能大于单个像元对系统的张角。可见光探测器的曝光时间范围为

$$T_{可见光} \leqslant \frac{a \cdot R}{f_{可见光} \cdot V_{\text{relative}}} \tag{5-1}$$

式中，$f_{可见光}$ 为光学系统的焦距；V_{relative} 为观测卫星与目标卫星之间的相对速度；R 为观测卫星与目标卫星之间的距离；a 为探测器的单个像元尺寸。可见光通道有效孔径的计算公式为

$$D \geqslant \sqrt{\frac{\text{SNR}_{\text{th}}^2 + \sqrt{\text{SNR}_{\text{th}}^4 + 4\text{SNR}_{\text{th}}^2\left(N_B + N_D + N_{\text{read}}\right)}}{2 \cdot \left[E_{\text{sunlight}} = \frac{2A}{\pi R^2}\int_{\lambda_2}^{\lambda_1} \frac{E_{\text{sum}}(\lambda)\rho(\lambda)\cos\theta_i\cos^3\theta}{2 - \sin^4\theta_i - \cos^4\theta_i}\mathrm{d}\lambda\right]_{\min} \cdot \tau_0 \cdot \frac{\pi}{4} \cdot T \cdot \frac{1}{E_{\text{photo}}} \cdot \eta}} \tag{5-2}$$

式中，τ_0 为光学系统透过率；T 为探测器积分时间；E_{photo} 为单个光子能量；η 为量子效率；N_B 为背景噪声所引起的电子数；N_D 为暗电流噪声所引起的电子数；N_{read} 为读出噪声电子数；SNR_{th} 为探测器信噪比。

5.1.3　红外探测原理及组成

天基红外探测系统利用天基平台搭载中远红外敏感探测器，通过捕捉和识别目标红外特征信号，实现对空间目标的探测、跟踪与告警。天基红外探测主要是在复杂背景中利用目标和背景的几何、辐射、运动等特性的差异实现对目标的检测，主要背景为场景中的云，具备辐射动态变化、运动随机、几何尺度多样等特性，易与目标耦合，其探测的场景、大气、平台、电子学链路等环节均会影响目标的探测性能。

红外探测系统由红外成像系统和信息处理系统组成，如图 5-3 所示。其中红外成像系统包括光学系统和焦平面探测器，用于完成目标和背景红外辐射信号的采集和光电转换；信息处理系统包含预处理系统、图像处理系统和控制处理系统，主要是将红外成像系统采集的各传感器数据进行数字化处理，对图像数据非均匀性校正后进行图像处理，解算出当前目标的相对坐标信息，送控制处理系统进行处理。

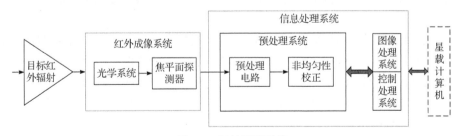

图 5-3　红外探测系统

如同可见光探测系统，为确保红外探测器获得清晰图像，要求观测卫星在曝光时间内相对目标卫星所运动的角度不能大于单个像元对应系统的张角。因此曝光时间范围：

$$T_{长波红外} \leqslant \frac{a \cdot R}{f_{长波红外} \cdot V_{\text{relative}}} \tag{5-3}$$

式中，$f_{长波红外}$ 为红外探测器的焦距；V_{relative} 为观测卫星与目标卫星之间的相对速度；R 为观测卫星与目标卫星之间的距离；a 为探测器的单个像元尺寸。空间红外相机有效孔径的计算公式为

$$D \geqslant \sqrt[4]{\frac{96A\sqrt{A_{\mathrm{d}} \cdot \Delta f}}{\pi^2 \cdot E_{\text{infrared}} \cdot \tau_0 \cdot \sigma \cdot D^*}} \tag{5-4}$$

式中，τ_0 为光学系统透过率；σ 为过程因子；D 为光学系统有效孔径；D^* 为焦面探测器比探测率；A_{d} 为焦面探测器单位像元面积；$\Delta f = 1/(2T)$，为焦面探测器噪声等效带宽。

5.1.4　可见光/红外复合探测原理及组成

天基光学空间目标探测系统采用基于视觉的技术手段获取空间目标图像，可实现对空间目标的实时检测与跟踪。这些探测系统的光学系统通常为可见光系统或红外系统等，红外适用于运行在地影区的空间目标，可见光探测主要用于远距离目标探测。但是空间环境复杂，存在较多噪声，且远距离空间目标成像呈现点状分布，与噪声、空间背景干扰信号有较高的相似度，会淹没在噪声中，给目标检测带来较大困难。

复合光学系统综合了不同谱段光学系统的优势，可以减小光学系统尺寸，获取更丰富的目标信息。该系统通过多维信息融合增强目标识别检测能力，降低目标误检率，实现对重要空间目标(包括暗弱、隐身、伪装目标)等的全天时监测、跟踪、告警，确定可能对航天系统构成威胁的空间目标的位置、尺寸、形状、载荷配置、轨道参数等重要特性，是未来空间态势感知的重要发展方向。

鉴于红外成像技术虽然存在分辨率有限、目标成像精度不高的问题，但其显著优势在于探测范围广，且成像质量相对稳定，不易受光照变化和恶劣天气条件的显著影响，提出了在中波红外探测系统中融入双波段共口径设计，以最大化视场范围。与此同时，鉴于可见光成像技术主要捕捉目标在自然环境下的散射与辐射特性，能够提供目标丰富的细节信息，为增强目标探测与识别的效率与准确性，可在可见光探测系统中集成长短焦变焦功能。

多波段共口径结构设计精巧，主要由共用前置光路、分光元件和后置光路三大部分组成。其中共用前置光路的实现方式多样，涵盖了卡塞格林式、离轴三反式或折射透镜组等多种光学架构。分光元件包括棱镜、平行平板等光学器件。后置光路一般由多个单独的镜头外加能够响应不同波段的探测器组成。可见光/红外复合探测系统采用红外和可见光双波段共口径结构，通过波段分光实现复合测量，可见光/红外复合探测原理及组成框图如图 5-4 所示，系统包括主光学系统、红外探测组件、可见光探测组件和双光复合信号处理系统等。

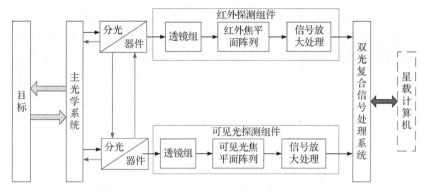

图 5-4　可见光/红外复合探测原理及组成框图

结合光学系统参数、探测器参数，可获得可见光系统和红外系统的信噪比。点源目标可见波段信噪比计算公式为

$$SNR = \frac{S_T - S_B}{\sqrt{S_B}} = \frac{\left(A_o t_{int} / hcR^2\right)\int \lambda \Delta I_\lambda \tau_a(\lambda)\tau_o(\lambda)\eta(\lambda)d\lambda}{\left[\left(A_o \alpha\beta t_{int} / hc\right)\int \lambda L_{\lambda B}\tau_a(\lambda)\tau_o(\lambda)\eta(\lambda)d\lambda\right]^{1/2}} \qquad (5\text{-}5)$$

式中，ΔI_λ 为目标和背景的光谱辐射强度差值；$S_T - S_B$ 为目标和背景强度差引起的电子数之差；$\sqrt{S_B}$ 为背景光产生的电子数的平方根；$L_{\lambda B}$ 为背景光谱辐亮度。红外辐射通量密度为

$$W_\lambda(\lambda, T) = \frac{c_1}{\lambda^5} \cdot \frac{1}{\left(e^{c_2/\lambda T} - 1\right)} \qquad (5\text{-}6)$$

式中，W_λ 为光谱辐射通量密度；c_1 为第一辐射常量；c_2 为第二辐射常量；T 为热力学温度。

5.2　天基空间目标特性分析

天基空间目标特性的深入分析是天基光学探测任务不可或缺的基石与先决条件。通过系统性地研究空间目标的特性，包括其在可见光波段下的反射特性和自身发出的红外辐射特性，能够为探测器的精确选型、高效光学系统设计、目标跟踪与识别算法的优化提供坚实的理论支撑与数据依据。本节聚焦于空间目标的双重特性——其在可见光域中的反射特性与自身红外辐射的发射特性，构建了量化这些特性的计算模型。同时，深入剖析了天基观测视角下，天基空间目标辐射和反射辐射情况，为深入理解空间目标在光学探测中的行为模式提供基础。

5.2.1　可见光辐射特性

天基空间目标可见光光学特性主要来自于对太阳光的反射，其主要与目标的表面材料反射率、太阳入射角、相机观测角、目标构型尺寸和运动特性相关。天基可见光探测系统接收的辐射能量主要由空间目标反射的辐射来源和空间目标的有效反射面积两种因素决定。通过分析不同光照入射角与观测角度下目标光学横截面积，获得目标等效星等，对光学系统设计起到重要作用。

将可见光探测器看成一个积分光子计数器，空间目标的辐射能量用光子数来表示。空间目标辐射能量主要来自于太阳光辐照。根据普朗克方程可计算出太阳光在可见光光谱范围内的辐射强度，或者将测量的大气层外太阳直接辐照度数据作为基本数据。光谱辐射出射度 $M_\lambda(\lambda, T)$ 为

$$M_\lambda(\lambda, T) = \frac{2 \cdot \pi \cdot h \cdot c^2}{\lambda^5} \cdot \frac{1}{(e^{h \cdot c / \lambda \cdot k_B \cdot T} - 1)} = \frac{c_1}{\lambda^5} \cdot \frac{1}{e^{c_2 / T\lambda} - 1} \tag{5-7}$$

式中，λ 表示波长，单位是 m；h 表示普朗克常数；c 表示光速；k_B 表示玻尔兹曼(Boltzmann)常数；T 表示恒星的热力学温度；c_1 表示第一辐射常量；c_2 表示第二辐射常量。

太阳可以近似看作一个温度为 T_{sun} 的黑体，它在波长区间 $[\lambda_1, \lambda_2]$ 的总辐射出射度为

$$M_{sun} = \int_{\lambda_1}^{\lambda_2} M_\lambda(\lambda, T_{sun}) d\lambda \tag{5-8}$$

进一步可以得到太阳的辐射亮度：

$$L_{sun} = M_{sun} / \pi \tag{5-9}$$

太阳在近红外谱段范围内对空间目标的辐射照度(W/m²)为

$$E_{st} = \frac{I_s A_s}{4\pi R_{st}^2} \ \text{或者} \ E_{st} = \frac{L_{sun} A_{sun}}{R_{st}^2} \cdot \frac{1}{1 + (r_s / R_{st})^2} \tag{5-10}$$

式中，$A_s = \pi r_s^2$，为太阳表面积；R_{st} 为太阳与空间目标的距离。

目标、太阳和观测设备天顶角之间的几何关系如图 5-5 所示。设观测点的位置：高度为 h_0，经度为 φ_0，纬度为 ϕ_0，观测目标方向的方位角为 ϕ(北为 0°，向东为正)，仰角为 $90° - \theta$，斜距为 S，太阳以 θ_s 的天顶角照射目标。

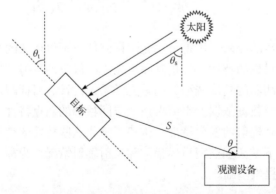

图 5-5 目标、太阳和观测设备天顶角之间的几何关系

观测点离目标的斜距为 S 的目标在地面的投影长度为 $L_0 = S \sin\theta$，则目标卫星下点处 X 的经度、纬度分别为

$$\left(\varphi_0 + \frac{\sin\phi\sin\theta S}{4\pi R}360°, \ \phi_0 + \frac{\cos\phi\sin\theta S}{4\pi R}360°\right) \tag{5-11}$$

目标高度为 $\cos\theta S$。根据观测设备的位置信息，按照轨道的时间、此处目标卫星下点的经纬度可以计算出目标处的太阳天顶角 θ_s。

在观测点的直角坐标系中，单位距离上观测方向的矢量 $\boldsymbol{n}_x$ 为

$$\boldsymbol{n}_x = (\sin\theta\sin\phi, \sin\theta\cos\phi, \cos\theta) \tag{5-12}$$

同样，太阳的矢量为

$$\boldsymbol{n}_s = (\sin\theta_s\sin\phi_s, \sin\theta_s\cos\phi_s, \cos\theta_s) \tag{5-13}$$

目标长轴方向的矢量为

$$\boldsymbol{n}_t = (\sin\theta_t\sin\phi_t, \sin\theta_t\cos\phi_t, \cos\theta_t) \tag{5-14}$$

太阳照在目标上的面积(照亮部分)和观测方向的重叠部分在观测方向上的投影面积的漫反射的能量是观测到的目标亮度。需要求出该重叠部分的面积，即目标在探测方向上能够反射太阳辐射的有效面积。

5.2.2　红外辐射特性

1. 天基空间目标红外辐射原理和特点

红外辐射作为电磁辐射谱中热辐射的一种形式，严格遵循电磁波的反射、折射、偏振、衍射和干涉等基本物理定律。电磁波在 0.1~1000μm 波段范围均会产生热辐射，跨越紫外、可见光直至红外三个波段，但特指红外波段时，其波长为 0.76~1000μm，可细分为近红外(0.76~3μm)、中红外(3~6μm)、远红外(6~15μm)和极远红外(15~1000μm)四个子区间，在红外探测领域常对应为短波红外、中波红外和长波红外(热红外)三个部分。

天基红外成像探测系统对空间目标的监测效能，不仅取决于目标本身的红外辐射特性，还深受太空背景红外环境的影响。深入分析空间目标的红外辐射特性，是提升探测器探测效能、优化目标隐身设计、确定红外探测器系统参数的关键环节，更是后续实施精确检测与识别的理论基础与先决条件。空间目标的红外辐射强度的影响要素十分多样，它受到目标形状、尺寸、材质构成、温度状态、表壳厚度、运动规律和探测器成像机制等多重因素的共同影响。通过综合考量这些因素，可以更清晰地揭示空间目标红外辐射强度的变化规律，为构建高效的空间目标识别分类器奠定坚实的理论基础。

空间目标的红外辐射包括目标自身的红外辐射和目标对环境辐射的反射两个部分，不同的探测波段，所考虑的环境辐射有所不同。空间目标有三个主要的红外辐射产生部位：蒙皮、发动机尾喷管和尾焰。蒙皮的红外辐射主要源于气动加热所产生的热辐射，分布于中长波波段；发动机尾喷管的红外辐射主要源于其表面金属材质的灰体辐射，分布于中长波波段；尾焰的红外辐射主要源于 H_2O 和 CO_2 等选择性气体的流场辐射，由于尾焰中都是高温气体，所以其红外辐射分布于短波红外波段。

2. 天基空间目标红外辐射基本定律

1) 普朗克定律

温度越高，物体向外发出的光谱辐射能量就越高。红外辐射能量的大小与波长分布有关，物体的表面温度又与物体发出的红外辐射能量密切相关。当物体达到热力学平衡，波长等于 λ，温度等于 T 时，黑体辐射的能量值可由普朗克定律计算出来，即

$$B_\lambda(T) = \frac{C_1}{\lambda^5\left(\exp\dfrac{C_2}{\lambda T} - 1\right)} \tag{5-15}$$

式中，$B_\lambda(T)$ 为黑体的辐射出射度（$\mathrm{W \cdot m^{-2} \cdot \mu m^{-1} \cdot sr^{-1}}$）；$C_1$、$C_2$ 为常数，$C_1 = 1.191 \times 10^8 \mathrm{W \cdot m^{-2} \cdot \mu m^4 \cdot sr^{-1}}$，$C_2 = 1.439 \times 10^4 \mu m \cdot K$。

2) 维恩位移定律

黑体电磁辐射的极大值与其对应波长和黑体温度间的关系是维恩位移定律描述的内容。首先求普朗克函数对波长的微分，再令微分的结果等于 0，即

$$\frac{\partial B_\lambda(T)}{\partial \lambda} = 0 \tag{5-16}$$

辐射最大强度的波长为

$$\lambda_{\max} = \frac{a}{T} \tag{5-17}$$

式中，$\lambda_{\max}$ 为辐射最大强度的波长；T 为热力学温度；a 为维恩位移常数，$a = 2.897 \times 10^3 \mu m \cdot K$。

维恩位移定律表明黑体电磁辐射最大强度的波长 $\lambda_{\max}$ 与热力学温度 T 之间有着反比的变化关系，即温度越高，黑体电磁辐射最大强度的波长越小。

3) 斯特藩–玻尔兹曼定律

斯特藩–玻尔兹曼(Stefan-Boltzmann)定律的文字描述为黑体的辐射度与其温度之间存在一定的正比关系，具体表示为黑体的辐射度等于黑体温度的四次方与斯特藩–玻尔兹曼常数的积，数学表达式为

$$M(T) = \sigma T_0^4 \tag{5-18}$$

式中，$\sigma = 5.6704004 \times 10^{-8} \mathrm{W \cdot m^{-2} \cdot K^{-4}}$，为斯特藩–玻尔兹曼常数；$M(T)$ 为黑体的辐射度；T 为热力学温度。

一般地，当物体不为绝对黑体时，其辐射度 $M(T)$ 为

$$M(T) = \sigma \varepsilon T^4 \tag{5-19}$$

式中，ε 为物体的比辐射率，即发射率，若物体为绝对黑体，则 $\varepsilon = 1$。

设黑体在温度 T_0 时的辐射度为 $M_0(T)$，且某一物体在温度 T_0 时的辐射度为 $M(T)$，当黑体的辐射度 $M_0(T)$ 与该物体的辐射度 $M(T)$ 相同时，黑体的温度就是该被测物体的

辐射温度 T_0，也就是有

$$M(T) = M_0(T) \tag{5-20}$$

即

$$\sigma \varepsilon T^4 = \sigma T_0^4 \tag{5-21}$$

那么，被测物体的实际温度为

$$T = T_0 \sqrt[4]{1/\varepsilon} \tag{5-22}$$

从式(5-22)可以看出，被测物体的实际温度等于物体的辐射温度与发射率倒数的四分之一次方的积。也就是说，当测得物体的辐射温度，并已知物体的发射率，就可以通过式(5-22)计算出物体的实际温度。

5.2.3 表面反射辐射特性

求解获得目标的材料光学特性是影响成像速度和成像质量的重要因素，目前主要采用基于双向反射分布函数(BRDF)来表征其光学散射特性。目标材质采用的微表面五参量BRDF 模型如下：

$$\rho_r = k_b \cdot \frac{k_r^2 \cos \alpha_r}{1 + \left(k_r^2 - 1\right) \cos \alpha_r} \cdot \exp^{\left[b_r (1 - \cos \gamma_r)^{\alpha_r} \right]} \cdot \frac{G(\theta_i, \theta_r, \varphi_r)}{\cos \theta_r \cos \theta_i} + \frac{k_d}{\cos \theta_i} \tag{5-23}$$

式中，$G(\theta_i, \theta_r, \varphi_r)$ 为遮蔽函数；α_r 为微平面法线与平均法线夹角；γ_r 为入射光矢量与微平面法线夹角；k_b、k_d、k_r、α_r、b_r 为待定参数，不同材料拟合参数不同。

在光学和辐射传输领域，"朗伯体"(Lambertian emitter/reflector)是一个重要的概念，用于描述在所有方向上辐射或反射能量(如光、热辐射等)都具有相同强度的表面。将目标视为一个朗伯体，到达探测器入瞳处的辐射强度为

$$I_t = \frac{E_{st} \rho_t A_t \cos \alpha}{2\pi} \tag{5-24}$$

式中，α 为太阳光与空间目标、探测器之间形成的探测相角；ρ_t 为空间目标的光谱反照率；A_t 为空间目标的等效横截面积。到达探测器光学系统前端的辐射强度为

$$I_r = I_t \tau_1 \tag{5-25}$$

式中，τ_1 为空间目标到探测器光学系统前端的大气透过率。将探测器采集到的空间目标信号能量转化为光子数，得到进入探测器的空间目标信号光子流密度：

$$\Phi_t = \frac{I_t}{R_{td}^2} \frac{\overline{\lambda}}{hc} \tag{5-26}$$

式中，$\overline{\lambda}$ 为探测波段的平均波长；R_{td} 为空间目标到探测器的距离。

当太阳辐射入射到不透明的小行星表面时，这些辐射能量将经历两个过程：一部分能量被小行星直接吸收，转化为热能或其他形式的能量；另一部分能量从小行星表面反射回太空。在该反射现象中，反射出的能量与入射的太阳辐射能量之比，称为小行星的

反射比例，该比例在天文学中一般采用反照率 ρ_t 表示。进一步地，当太阳、小行星与观测望远镜三者之间形成不同的相位关系时，相机所观测到的小行星被太阳照亮的面积会随之变化。为量化此种可见照亮区域的变化，定义 β 表示小行星被太阳照亮且被相机看到的面积与小行星被太阳照亮的面积之比。准确计算参数 β，需要充分考虑小行星的真实形状和自转轴指向。β 随时间的变化曲线(光变曲线)对确定小行星真实形状、自转轴指向和自转周期具有重要意义。小行星的反射辐射出射度为

$$M_{\text{reflected}} = \rho_t \cdot \beta \cdot E_{\text{st}} \tag{5-27}$$

进一步可以得到空间目标反射的辐射亮度为

$$L_{\text{reflected}} = M_{\text{reflected}} / \pi \tag{5-28}$$

再由照度的距离平方反比定律得到小行星反射的太阳辐射对望远镜的辐射照度。当对空间目标进行探测时，探测器像元接收到的光子数为

$$N_t = \Phi_t A_d \tau Q t / N_p \tag{5-29}$$

式中，Q 为探测器对信号光的量子效率；t 为信号光的曝光时间；A_d 为探测器光学系统的有效入瞳面积；N_p 为空间目标成像像素数。

5.3　天基空间目标信息处理

天基空间目标观测系统受到大气、地球背景光、黄道光、恒星等背景的干扰和系统存在的各种噪声等影响，这导致获得的图像信噪比很低。光学探测系统作为暗弱目标能量收集和光电转换的核心设备，尽管不同搭载平台环境特性不尽相同，对光学探测系统探测能力的影响也有显著差异，但无论搭载在何种工作平台，光学探测系统所面临的光学探测难题都可总结为"探得到"、"瞄得准"和"测得精"三个方面。

天基探测系统的成像过程为空间目标通过反射太阳辐射，使能量进入成像系统，通过成像系统光路辐射到探测器，探测器将收集到的光信号转化为电信号，再经过信号处理电路输出为图像。在系统成像时，除目标之外，还有恒星背景、太空背景等能量一起进入探测系统，此外，最终获取图像的质量还受到探测系统性能影响。

天基空间目标探测过程链路如图 5-6 所示。目标与背景的信息经过反射或辐射，在大气中进行传输，到达卫星平台上的成像相机入瞳，经由光学系统汇聚到相机的焦面，经过采样、积分、光电转换后传递回地面上的电子学系统，电信号受到电子学系统的放大、偏置、量化后形成数字信号。

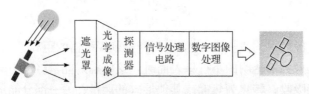

图 5-6　天基空间目标探测过程链路示意图

5.3.1　天基空间目标光学检测难点

天基空间目标的光学检测与识别的核心任务在于从繁杂的空间数据中精确提取并识别出特定目标的位置、运动状态等关键信息。光学成像技术是获取空间信息的最常用手段。根据天基空间目标的成像特性，天基空间目标在观测图像中往往以无具体尺寸、无结构、缺乏纹理特征的点状形态呈现。因此，天基空间目标的光学检测与识别工作本质上转化为在复杂多变背景中精准定位点状目标的挑战。

这一复杂背景主要包含三个维度的挑战：首先，星图背景的非均匀性和噪声干扰，以及光强分布的差异性，直接影响了目标检测的准确性；其次，星图背景中密布的恒星不仅可能与目标成像发生粘连或遮挡，而且在长时间曝光或受到平台振动和帧内稳像控制精度等因素影响时，恒星会因像移而形成不规则形态，这些现象与目标在视觉上的相似性极易引发误判，导致虚警率上升；最后，目标运动速度差异导致目标形状不固定，当目标运动速度增大，成像有可能从点状变成长条状，进一步增加了检测难度。

针对当前目标检测与识别研究面临的挑战，主要存在两方面不足：一方面是研究针对性不强。现有研究较少直接针对目标监视系统在轨图像处理中所面临的具体问题开展，如相比于地基系统，天基系统往往以较大的速度在轨运行，获取的图像由于像移而出现"拉线"现象，缺乏针对性的目标检测、定位解决方案。另一方面是算法适应性不足。多数研究侧重于某一特定条件下的图像处理，忽略了天基环境中背景噪声、分布复杂多样，空间目标运动速度、方向、成像信噪比各异，环境或条件变化等情形，导致算法在实际应用中鲁棒性差，难以广泛适用于天基环境下的目标检测与识别任务。

空间目标检测仍面临如下难点：

(1) 星图噪声组成复杂，背景分布强弱不均。受空间杂散光等影响，星图背景强度非均匀，严重影响目标和背景的有效分割。噪声组成复杂，低信噪比暗弱目标仅占几个像元，与噪声具有相似性，极易淹没在背景杂波或噪声中，传统的去噪算法并不适用于星图去噪处理。星图背景的预处理是空间目标检测首先要解决的关键问题。

(2) 目标和恒星成像均有像移，且目标信噪比低。天基系统与地基系统相比，以较大的速度在轨运行，获取的图像存在像移现象。尤其在大视场下，受平台运动、振动和曝光时间内稳像控制精度等因素影响，恒星和目标成像均可能产生像移，中高轨目标由于距离探测器较远，往往信号较弱，成像信噪比低，且像移导致能量弥散在更多的像元上，进一步降低了目标信噪比，给目标检测带来难度。

(3) 目标受恒星遮挡、粘连。在星图中由于包含大量且分布密集的恒星，在多帧空间目标运动过程中，难以避免在某帧图像上，目标成像与恒星粘连，甚至是完全被恒星所遮挡，会严重影响目标的有效检测。

(4) 多目标检测，各目标速度方向各异。在探测视场内往往包含多个运动目标，且各个目标亮度、速度、运动方向可能各不相同，需要对成像各异的多个运动目标同时进行检测，传统且单一的检测算法很容易造成漏检。

(5) 空间目标的高精度质心定位。目前，研究学者针对点状目标提出的质心定位方法精度都比较高，但是在天基图像中，由于天基平台的振动以及相机曝光时间内目标和相机的相对运动，空间目标成像会出现不规则的随机方向上的弥散，甚至成像为条状轨迹。传统的基于灰度的方法在这种情况下会出现较大的定位误差，算法难以适用。基于各向异性高斯拟合的方法虽然精度较高，且适用于条状目标的质心定位，但是其计算复杂，不适用于天基在轨处理。目前，适用于天基在轨处理，且能够同时兼顾目标点状质心定位和目标条状轨迹质心定位的算法研究相对较少。

综上，在研究空间目标监视系统涉及的目标检测与识别算法时，应着眼于天基空间目标检测与识别存在的实际问题，提出针对性强、适用性强、鲁棒性高的算法。

5.3.2 天基空间目标检测与识别技术

天基空间目标检测与识别技术主要包括：图像预处理、点目标检测与识别和点目标定位技术。基于天基光学探测手段获取的实时图像，通过图像预处理、阈值分割、连通域提取、星点质心计算等过程，实现天基空间目标的高可靠识别，整体实现流程如图 5-7 所示。

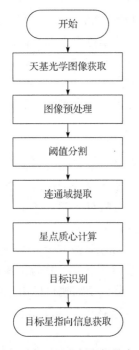

图 5-7 天基空间目标的高可靠识别流程

1. 空间目标图像预处理

空间目标图像预处理是图像分析前不可或缺的一环，旨在优化图像质量，为后续的空间目标检测、定位等任务奠定基础。天基光学系统获取的图像，常因外界的空间杂散辐射和探测器内部干扰而含有大量噪声，这些噪声显著降低了图像质量，对目标的精确提取构成挑战。

空间目标图像预处理的核心在于抑制或消除星图背景中各类噪声对图像分割、目标检测和定位过程的影响。针对图像噪声的抑制或消除，处理方法主要分为两大类：变换域方法和空间域方法。其中，变换域方法侧重于在图像的变换域中分离并消除噪声，随后通过逆变换恢复图像，以实现图像去噪的目的；空间域方法直接在原始图像上操作，利用像素点邻域的像素灰度值对该像素点进行运算处理。

频域低通滤波是典型的变换域噪声抑制方法，其利用二维离散傅里叶变换，将图像信息转换至频域，随后基于噪声在频域上通常表现为高频分量的特性，通过低通滤波器滤除高频噪声，进而达到去除噪声的目的。然而，鉴于图像中的一些边缘、细节信息对应到频域中也是高频分量，该方法在频域通过低通滤波去除噪声的同时，将导致图像丢失边缘和细节信息，图像变得模糊。另一种经典的变换域噪声抑制方法是小波变换。它提供了在不同尺度上分析图像的能力。然而，小波变换中的阈值设定十分关键，严苛的阈值设定可能导致图像重要特征丢失。为获取更好的小波去噪效果，需要优化阈值函数和阈值的选择。小波变换去噪法可以保留图像中的边缘、细节信息，但其对图像信噪比的敏感度较高，对于低信噪比图像，小波域内噪声与信号的区分变得困难，且计算复杂度较高，实时性较差，因此在星图图像去噪中的应用受限。

在空间域去噪方法中，常用的有中值滤波、均值滤波、维纳滤波和形态学滤波。其中，中值滤波是一种典型的非线性滤波，对消除脉冲噪声非常有效。星图中亮度较低的暗星目标常被噪声淹没，常用中值滤波、高斯低通滤波和维纳滤波等方法来进行去噪处理，中值滤波和高斯低通滤波会把星点中心像素点外的其他有用星点当作噪声滤除，造成后续的星点细分定位误差，而维纳滤波需要将图像从空域转换到时域上进行处理，从而消耗大量的运算时间。由于成像星点可以认为是高斯弥散斑，星图中的噪声可以认为是服从高斯分布的噪声，可采用空间匹配滤波来对星图进行去噪，增强信噪比。匹配滤波器的算法，在近似高斯分布的背景噪声和已知分布的星点，通过匹配滤波技术，能得到很好的效果。同时，匹配滤波算法只需要一步即可实现，非常适合工程应用，满足实时处理的要求。

然而，天基星图背景噪声组成复杂，且受外部杂散光和探测器本身的影响，图像中噪声分布强弱不均。同时，图像中空间目标成像的形状、灰度值与噪声相似。上述这些算法在天基星图的去噪处理中往往效果不佳，易造成目标信息的丢失或产生虚假的目标。因此，如何更好地抑制或消除天基星图图像中的非均匀噪声是目标卫星图预处理研究的重点。空间目标图像预处理主要包括背景滤波、背景去除和图像增强过程。

1) 背景滤波

在基于连续图像序列的运动目标检测跟踪过程中，经常使用背景差法来检测跟踪运动目标。在背景差法中，背景的实时更新是很重要的一个部分，直接影响到检测结果。根据系统应用场景，可采用基于卡尔曼滤波的方法来估计背景，该背景滤波算法复杂度低、实时性好，能够适应系统的实际需求。

卫星在轨拍摄过程中，分为两种拍摄模式，分别是自然交会模式和区域凝视模式。在自然交会模式下，图像中的背景区域基本是固定不变的，在这种情况下通常采用背景差法；在区域凝视模式下，图像的背景会发生一定的变化，并且会由于不同的天区、不同的拍摄时间、杂散光的进入及不同光线和阴影的变化情况，产生不同的拍摄效果，在这种情况下，背景图像必须能够自适应地进行估计。

针对连续拍摄的图像背景处理，一种经典的方法是时间平均法，即将一段时间内的图像序列求和再平均，获得一帧近似的背景图像，但是这种图像对星目标较多的场景不宜使用，容易产生混合现象，并且在系统实时性方面较差，不能保证图像的实时处理。因此，本小节将介绍如图 5-8 所示的一种基于卡尔曼滤波图像背景滤波算法。

卡尔曼滤波算法是一个最优化自回归数据处理算法，该算法采用一个线性随机微分方程进行描述：

$$X(k) = AX(k-1) + BU(k) + W(k) \tag{5-30}$$

再加上系统的测量值：

$$Z(k) = HX(k) + V(k) \tag{5-31}$$

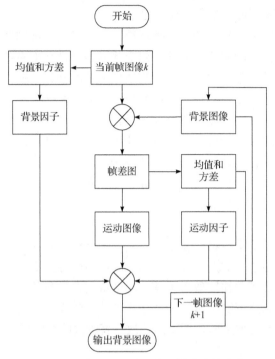

图 5-8　基于卡尔曼滤波图像背景滤波算法流程

式中，$X(k)$ 是 k 时刻的系统状态；$U(k)$ 是 k 时刻对系统的控制量；A 和 B 是系统参数，对于多模型系统，它们是矩阵；$Z(k)$ 是 k 时刻的测量值；H 是测量系统的参数，对于多测量系统，H 是矩阵；$W(k)$ 和 $V(k)$ 分别是过程和测量的高斯白噪声。

　　图像输入过程中，采用时域递归低通滤波来预测缓变的背景图像，利用卡尔曼滤波器的记忆特性，对一定时间内的图像序列信息进行加权平均获得与实际背景近似的初始背景。图像序列通过时域低通滤波器时，图像序列的缓变部分可以从图像的快速变化过程中分离出来，其时域递归低通滤波器表示为

$$B(i,j,k+1) = B(i,j,k) + g(k) \cdot \left[I(i,j,k) - B(i,j,k) \right] \tag{5-32}$$

$$g(k) = \beta \cdot \left[1 - M(i,j,k) \right] + \alpha \cdot M(i,j,k) \tag{5-33}$$

$$\alpha = \exp \left[-\frac{\mathrm{pow}(\mathrm{Th} - \mathrm{avg}_1)}{1^2} \right] / \sqrt{2 \cdot \pi \cdot 1} \tag{5-34}$$

$$\beta = \exp \left[-\frac{\mathrm{pow}(\mathrm{Th} - \mathrm{avg}_2)}{2^2} \right] / \sqrt{2 \cdot \pi \cdot 2} \tag{5-35}$$

式中，$B(i,j,k)$ 是当前背景图像；$B(i,j,k+1)$ 是后续背景图像；$I(i,j,k)$ 是 k 帧时，i、j 位置输入图像的特征；$M(i,j,k)$ 是当前运动目标轮廓二值化图像；β 是背景因子；α 是运动因子；Th 是阈值；avg_1 是差影图像的均值；avg_2 是当前图像的均值。如果 $|I(i,j,k) - B(i,j,k)| > \mathrm{Th}$，则 $M(i,j,k) = 1$；否则 $M(i,j,k) = 0$。

2) 背景去除

通过背景滤波算法，可以得到估计的背景图像信息，预处理过程需要将背景信息去除，保留有效信息，去除背景的算法为

$$L(i,j,k) = I(i,j,k) - B(i,j,k) \tag{5-36}$$

式中，$L(i,j,k)$ 代表第 k 帧去除背景图像后的一个像素；$I(i,j,k)$ 代表第 k 帧原始图像中的一个像素；$B(i,j,k)$ 代表第 k 帧背景图像中的一个像素。根据该算法对每帧图像的每个像素进行遍历，即得到去除背景后的图像。

3) 图像增强

为保留更多的图像信息，以及避免运动目标的亮度过暗导致检测失效，在图像预处理过程中执行图像增强操作，该部分操作不会对图像的相对差值进行更改，只在保留原本图像特性的前提下，提高图像的使用价值，同时抑制图像的无效信息。本小节采用基于直方图的图像增强算法，首先进行直方图统计，使用离散函数：

$$p(s_k) = n_k / n, \quad k = 0,1,\cdots,L-1 \tag{5-37}$$

式中，s_k 是图形 $f(x,y)$ 的第 k 级灰度值；n_k 是 $f(x,y)$ 中具有灰度值 s_k 的像素的个数；n 是图像像素总数。

通过直方图统计，将原始图像的直方图变换为均匀分布的形式，这样可以达到增加图像动态范围和增强图像整体对比度的效果，式(5-37)可表示为

$$p_s(s_k) = \frac{n_k}{n}, \quad 0 \leqslant s_k \leqslant 1; k = 0,1,\cdots,L-1 \tag{5-38}$$

式中，$p_s(s_k)$ 代表原始图像第 k 个灰度级的出现概率。以 n_k 为自变量，以 $p_s(s_k)$ 为函数得到的曲线就是图像的直方图。得到图像直方图之后，通过直方图分布，得到原始图像的累计直方图，并对直方图进行均衡化，变换后的图像即为图像增强结果。原始图像的累计直方图为

$$t_k = \text{EH}(s_k) = \sum_{i=0}^{k} p_s(s_i), \quad 0 \leqslant s_k \leqslant 1; k = 0,1,\cdots,L-1 \tag{5-39}$$

2. 空间目标检测与识别信息处理

空间目标检测技术是空间监视领域不可或缺的核心技术之一。传统目标检测多聚焦于近距离、高信噪比且特征显著(如大小、形状、颜色、纹理等)的大目标。然而，面向天基空间目标的检测场景，情况截然不同。由于待检测目标距离遥远，目标成像在探测器上通常呈现为点状或细微的短条状，占据的像素数量极少，且在单帧图像中，这些特征极易与星图背景中密布的恒星混淆，导致难以直观区分。此外，天基空间目标受限于远距离和微弱能量，其成像的信噪比极低，进一步加剧了与星图背景中复杂多变、不均匀噪声的辨识难度，使得传统的基于显著特征的空间目标检测算法在此类情境下难以奏效。为解决这一技术难题，国内外学者围绕着空间目标区别于背景恒星和噪声的运动特征开展了深入研究，提出了一系列高效的空间目标检测算法，如基于参考星的算法、多帧时序投影法、轨迹检测法、匹配相关法、假设检验法等。

(1) 基于参考星的算法。该类检测算法的关键是利用星图或星表,在图像中提取出满足一定条件的背景恒星作为参考星,再根据前后图像帧中各点位置的变化情况,检测出由于目标运动而发生了与参考星相对位置改变的点,判断其为空间目标,目前主要有三角形算法、栅格算法和基于距离矩阵的算法。这些算法能够从单帧或两帧图像中检测出目标,但适用范围很窄,主要适用于光电成像系统获取的图像。除此之外,这些算法对两帧图像间的配准精度要求很高,背景的噪声会造成大量的虚警,同时目标的检测率很低。这些问题导致这类算法在天基空间目标检测中难以适用。

(2) 多帧时序投影法。由于星图背景在探测器上的投影是连续的,背景在运动速度和方向上表现出很强的关联性,而目标在背景中存在独立的运动关系。因此,通过背景差分、累积预测等手段可达到消除背景的目的,从而检测出目标。其主要有差分图像法、多帧图像累加法、二维最小均方误差法和最大值投影法算法。然而,考虑到天基平台振动会导致背景恒星产生随机方向像移,即不同帧之间像移方向也不同,采用对多帧图像差分、累加等时序投影的方式难以达到理想的检测效果。

(3) 轨迹检测法。轨迹检测法的主要原理是利用目标在时域上运动轨迹的连续性和规则性来对空间目标进行检测,主要有动态规划法与光流法。该方法计算量较大,难以直接适用于天基空间目标检测的情况。

(4) 匹配相关法。当对目标有较多的先验知识,如对目标运动速度、运动方向等情况有所了解时,使用匹配相关法,从空域与时域进行最优化检验,以实现空间目标的检测,该类算法主要有三重时域滤波法和高阶相关法。然而在实际情况中,空间目标的运动速度、运动方向都是随机未知的,限制了该算法的适用性。

(5) 假设检验法。当对目标和背景的模型有较多了解时,虽然可能无法精确获得目标和背景的运动形式,但如果从分布上确定概率,则通过时域分布和空域分布进行目标的先假设后检验的方法可以实现空间目标的有效检测。该类方法主要有时域假设检验法、最大似然法和多级假设检验法等。

在远距离成像中,当目标的亮度与信噪比较高时,设置二值化的灰度阈值高于背景亮度几倍后就能将目标与恒星从背景中提取出来,进而利用恒星跟踪模式下恒星与目标的形态差异进行目标识别,如最大类间方差算法及其改进算法、形态学图像处理方法等,实现条纹状目标的图像识别。但是,当目标的亮度与信噪比较低时,空间目标的暗弱条纹容易淹没在背景信号中,导致提取的难度极大。

结合空间目标检测与识别存在的问题,本小节依次按照阈值分割和连通区域提取、星点提取和质心计算、目标卫星识别与指向信息获取过程完成空间目标检测与识别。

1) 阈值分割和连通区域提取

星间观测系统采集的图像由噪声和信号组成,星图噪声的分布一般比较均匀,而且随机地围绕噪声平均值上下波动。星点信号总是集中在一小块连续像元区域内,光斑能量分布近似高斯分布,区域中间是信号峰值,对于比较亮的星,峰值远高于噪声平均值。因此,采用自适应阈值法来提取星点,根据实时得到的图像数据进行阈值确定,其数学公式为

$$V_{th} = E + \alpha \cdot \delta \tag{5-40}$$

式中，E 是图像的平均值，可通过对整幅图像所有像元值 $f(i,j)$ 求加权平均值得到；δ 是图像的方差，二者的计算式分别为

$$E = \frac{\sum\limits_{i=1}^{m}\sum\limits_{j=1}^{n} f(i,j)}{m \cdot n}, \quad \delta = \sqrt{\frac{\sum\limits_{i=1}^{m}\sum\limits_{j=1}^{n}\left[f(i,j) - E\right]^2}{m \cdot n}} \tag{5-41}$$

α 是一个加权系数，通常与图像的噪声有关，α 可取 3～5。

通过阈值分割，将目标和背景分开后，需对目标进行连通性分析，以剔除孤立噪声点和太空大目标，确定有用的星点目标。目标按形状一般可分为凹形和凸形两种，凹形目标一般采用八连通判据，星点属于凸形目标，适合四连通数据分析，四连通示意图如图 5-9 所示。

连通性分析的步骤描述如下。

步骤一：输入阈值分割后的星图；

步骤二：按从左至右、从上至下的顺序扫描二值化图像，当扫描到一个未被标记的前景像素 p 时进行标记，同时扫描 p 的四邻域点，若存在未被标记的前景像素，则进行标记，作为区域生长的种子；

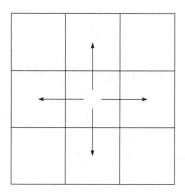

图 5-9　四连通示意图

步骤三：取出任意生长种子点 p_1，扫描 p_1 的四邻域点，若存在未被标记的前景像素，则进行标记；

步骤四：重复步骤三至所有像素都被标记，一个连通区标记完成；

步骤五：转步骤二，直至整幅图像扫描完毕，得到最终标记矩阵。

2）星点提取和质心计算

在完成连通区域提取后，需要对星点进行提取，剔除在 CMOS 成像面上信号电子达到饱和状态的星点、星云或者双星等伪目标。根据伪目标的特点，伪星剔除基本判断过程有两个步骤：一是根据星点目标所占的面积判断，将单像元目标和大于阈值面积的目标剔除掉；二是根据星点目标像素的灰度判断，如果像素的灰度值都比较高或者接近饱和，而且相差不大，也不符合正态分布特点，这种目标也将被剔除。

在星点提取基础上，采用矩心算法计算目标质心，利用星点的灰度分布特征，认为像素点距离实际星点中心越近，其灰度值就越高。其他像素的灰度值随着距离中心增加而降低，依据像素点的灰度值对其坐标加权，将加权后的几何中心作为实际成像的星点目标的中心。

设星点图像中第 i 行、第 j 列像素的坐标为 (x_i, y_j)，灰度值为 $f(x_i, y_j)$，则星点的质心位置计算式如下：

$$x_0 = \frac{\sum\limits_{i=0}^{m}\sum\limits_{j=0}^{m} x_i f(x_i, y_j)}{\sum\limits_{i=0}^{m}\sum\limits_{j=0}^{m} I'(x_i, y_j)}, \quad y_0 = \frac{\sum\limits_{i=0}^{m}\sum\limits_{j=0}^{m} y_j f(x_i, y_j)}{\sum\limits_{i=0}^{m}\sum\limits_{j=0}^{m} f(x_i, y_j)} \tag{5-42}$$

式中，(x_0, y_0) 为目标像点质心坐标估计值。

目标形心的位置是目标图像上一个确定的点，当目标姿态变化时，这个点的位置变动较小，所以用形心跟踪时跟踪比较平稳。对于二值化后的目标图像，可以把形心解算为

$$\bar{x} = (1/M)\sum_{y=c}^{d}\sum_{y=a}^{b}V(x,y)x = (1/M)Q_x, \quad \bar{y} = (1/M)\sum_{y=c}^{d}\sum_{y=a}^{b}V(x,y)x = (1/M)Q_y$$

$$\tag{5-43}$$

$$M = \sum_{y=c}^{d}\sum_{y=a}^{b}V(x,y), \quad Q_x = \sum_{y=c}^{d}\sum_{y=a}^{b}V(x,y)x, \quad Q_y = \sum_{y=c}^{d}\sum_{y=a}^{b}V(x,y)y$$

式中，当 (x,y) 属于 Ω 区时，$V(x,y)=1$，当 (x,y) 不属于 Ω 区时，$V(x,y)=0$；a、b、c、d 为跟踪窗口边界坐标。求得 Q_x、Q_y、M 之后，就容易由式(5-43)算出形心坐标 (x,y)。

3) 目标卫星识别与指向信息获取

已知目标卫星的光学特性和卫星目标与恒星目标的运动特性，就可以利用运动特性来区分目标卫星星点与恒星星点。目标卫星在序列星图中几乎保持静止，这时通过比对连续帧的星图就可以识别出目标卫星。目标卫星识别算法流程描述如图 5-10 所示。

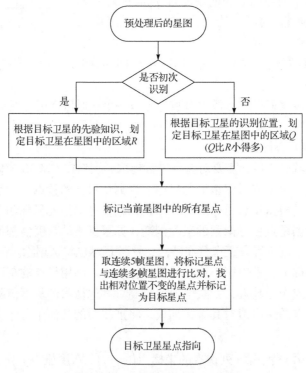

图 5-10 目标卫星识别算法流程

把被测目标远距离看成是一个整体点目标，它在相机上成像后，从图像中准确提取该点图像坐标，利用角度计算公式即可求解出目标相对于相机的方位角 α 和高低角 e，远距离点目标在相机上的成像模型示意图如图 5-11 所示。

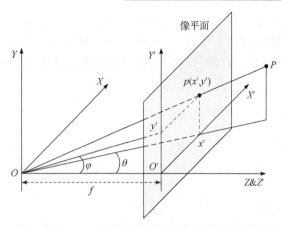

图 5-11 图像传感器成像模型示意图

图 5-11 中假定 P 为远距离某一空间目标,用相机对其拍摄,它在像平面中的图像坐标为 (x', y')。视线 OP 在水平面上的投影 Ox' 与 OZ 轴夹角定义为方位角 θ,视线 OP 与其在水平面 OXZ 上的投影 Oy' 之间的夹角 φ 定义为高低角。由图中几何关系可知,OP 与 Ox' 之间的夹角等于 Oy' 与 OO' 之间的夹角。因此,视线 OP 在铅垂面 OYZ 上的投影 Oy' 与 OZ 轴之间的夹角与高低角 φ 相等。分析图中三角形 Opy' 和三角形 $OO'x'$(其中,p 为空间目标 P 在像平面上的像点),可推导出由空间目标点 p 的图像坐标 (x', y') 求解方位角 θ 和高低角 φ 的计算公式:

$$\theta = \arctan \frac{x'}{f} \tag{5-44}$$

$$\varphi = \arctan \frac{y'}{f} \tag{5-45}$$

视频

5.3.3 天基空间目标跟踪技术

天基空间目标跟踪的实质是根据观测值,通过选择合适的滤波算法实现对目标的状态估计,其关键在于模型的建立和滤波算法。目前,对运动模型的研究较为成熟,所建立的运动模型越准确,系统的跟踪性能越好。同时,滤波算法的优劣也直接关系到跟踪性能的好坏,不同的跟踪系统需要采用不同的滤波算法。线性跟踪系统采用线性滤波算法;对于非线性跟踪系统,非线性滤波算法具有更好的性能。针对线性跟踪系统,卡尔曼滤波算法是在贝叶斯滤波框架结构下基于最小均方根误差准则的最优滤波算法。对于非线性跟踪系统,基于贝叶斯滤波框架结构,非线性跟踪系统状态的最优估计存在难以求解和计算量大等问题,一般采用次优的滤波算法对非线性跟踪系统状态进行近似。通过采用不同的方式进行加权统计,常用算法有扩展卡尔曼滤波(EKF)算法、无迹卡尔曼滤波(UKF)算法、容积卡尔曼滤波(CKF)算法等,近似估计出跟踪系统的状态。

空间目标观测系统对空间目标进行跟踪观测时存在两种工作模式:一种为目标跟踪观测工作模式;另一种为天区凝视工作模式。目标跟踪观测工作模式是对某个指定目标进行跟踪观测,进而分析其运动轨迹。然而当空间目标观测系统在天区凝视工作模式下时，系统的视场将以指定恒星为中心，进行长时间曝光。由于空间目标与观测系统存在相对速度，目标依次成像在多个像元上，空间目标在图像上呈现为曲线，通过对图像与观测系统自身运动的分析，可同时预测多个空间目标的运动轨迹。空间目标跟踪包括天基空间目标相对导航和天基空间目标模型辨识过程。

1. 天基空间目标相对导航

为解决天基空间目标相对导航问题，需要设计基于目标机动加速度估计的相对导航算法，实现对空间机动目标的运动估计，减少目标机动导致的滤波发散时间，进而提高相对导航精度。

1) 相对运动状态方程

首先，确定滤波器的系统状态方程，以追踪星轨道坐标系为参考坐标系。用于追踪星和目标卫星的相对运动以及星载相对测量设备的量测坐标系和视线几何关系图如图 5-12 所示。

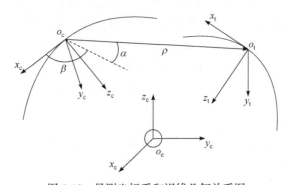

视频

图 5-12　量测坐标系和视线几何关系图

图 5-12 中，$o_e x_e y_e z_e$ 为地心惯性坐标系，$x_c y_c z_c$ 为追踪星轨道坐标系三坐标轴，x_c 为追踪星飞行方向，z_c 指向地心，y_c 垂直于轨道面构成右手系。r_c 和 r_t 分别表示追踪星和目标卫星的矢径，则：

$$r_c = [0 \quad 0 \quad -r_c]^T \tag{5-46}$$

用 ρ 表示两星视线方向的相对距离矢量，即

$$\rho = r_t - r_c = [x \quad y \quad z]^T \tag{5-47}$$

根据二体运动方程，有以下关系：

$$\frac{d^2 \rho}{dt^2} = -\frac{\mu}{r_t^3} r_t + \frac{\mu}{r_c^3} r_c + f_t - f_c = \left(\frac{\mu}{r_c^3} - \frac{\mu}{r_t^3} \right) r_c - \frac{\mu}{r_t^3} \rho_t + \Delta f \tag{5-48}$$

式中，f_t 和 f_c 为目标卫星和追踪星的轨道摄动力。根据刚体相对运动学，有

$$\frac{d^2 \rho}{dt^2} = \frac{\delta^2 \rho}{\delta t^2} + 2\omega_c \times \frac{\delta \rho}{\delta t} + \omega_c \times (\omega_c \times \rho) + \dot{\omega}_c \times \rho \tag{5-49}$$

式中，ω_c 为追踪星轨道角速度在其轨道系下投影。

通过对相对运动方程进行简化，可整理得到 C-W 方程，即

$$\begin{cases} \ddot{x} - 2\omega_c \dot{z} = f_z \\ \ddot{y} + \omega_c^2 y = f_y \\ \ddot{z} + 2\omega_c \dot{x} - 3\omega_c^2 z = f_z \end{cases} \tag{5-50}$$

式中，x、y、z 分别为目标卫星在追踪星轨道坐标系中的相对位置；ω_c 为按圆轨道近似后的追踪星轨道角速度。

空间机动目标的状态量为追踪星轨道坐标系下两星相对位置、相对速度和目标卫星机动加速度 a_x、a_y、a_z，即

$$\boldsymbol{X} = \begin{bmatrix} x & y & z & \dot{x} & \dot{y} & \dot{z} & a_x & a_y & a_z \end{bmatrix}^{\mathrm{T}} \tag{5-51}$$

由式(5-51)建立相对导航系统的微分方程：

$$\dot{\boldsymbol{X}} = f(\boldsymbol{X}) = \boldsymbol{A}\boldsymbol{X} + \boldsymbol{F}\begin{bmatrix} a_x \\ a_y \\ a_z \end{bmatrix} + \boldsymbol{G}\begin{bmatrix} \omega_{a_x} \\ \omega_{a_y} \\ \omega_{a_z} \end{bmatrix} \tag{5-52}$$

式中，$\boldsymbol{A}$、$\boldsymbol{F}$、$\boldsymbol{G}$ 分别为

$$\boldsymbol{A} = \begin{bmatrix} 0 & 0 & 0 & 1 & 0 & 0 & 0 & 0 & 0 \\ 0 & 0 & 0 & 0 & 1 & 0 & 0 & 0 & 0 \\ 0 & 0 & 0 & 0 & 0 & 1 & 0 & 0 & 0 \\ 0 & 0 & 0 & 0 & 0 & 2\omega_c & 1 & 0 & 0 \\ 0 & -\omega_c^2 & 0 & 0 & 0 & 0 & 0 & 1 & 0 \\ 0 & 0 & 3\omega_c^2 & -2\omega_c & 0 & 0 & 0 & 0 & 1 \\ & & & & & & -\alpha_a & & \\ & & \boldsymbol{0}_{3\times 6} & & & & & -\alpha_a & \\ & & & & & & & & -\alpha_a \end{bmatrix}, \quad \boldsymbol{F} = \begin{bmatrix} \boldsymbol{0}_{3\times 3} \\ \boldsymbol{0}_{3\times 3} \\ \alpha_a \boldsymbol{I}_{3\times 3} \end{bmatrix}, \quad \boldsymbol{G} = \begin{bmatrix} \boldsymbol{0}_{3\times 3} \\ \boldsymbol{I}_{3\times 3} \\ \boldsymbol{0}_{3\times 3} \end{bmatrix} \tag{5-53}$$

式中，ω_{a_x}、ω_{a_y}、ω_{a_z} 为两星轨道相对摄动加速度之差在追踪星轨道坐标系中的投影，代表了系统误差部分，其量级随追踪星和目标卫星轨道接近程度的不同而不同；α_a 为自相关时间常数。

2) 相对运动观测方程

天基空间目标的探测设备包括微波雷达、红外相机、可见光相机和激光雷达等，根据不同任务的不同距离阶段，可选择不同探测设备，如微波雷达可获取目标卫星的相对距离 ρ、相对速度 $\dot{\rho}$、追踪星轨道坐标系下目标卫星视线方向的高低角 α 和方位角 β；红外相机可获取追踪星轨道坐标系下目标卫星的相对距离 ρ、目标卫星视线方向的高低角 α 和方位角 β；可见光相机可获取追踪星轨道坐标系下目标卫星视线方向的高低角 α

和方位角 β；激光雷达可获取追踪星轨道坐标系下目标卫星的相对距离 ρ、目标卫星视线方向的高低角 α 和方位角 β。

微波雷达的量测方程为

$$
\begin{cases}
\rho = \sqrt{x^2 + y^2 + z^2} \\
\alpha = \arctan \dfrac{y}{\sqrt{x^2 + z^2}} \\
\beta = -\arctan(z/x) \\
\dot{\rho} = \dfrac{x\dot{x} + y\dot{y} + z\dot{z}}{\rho}
\end{cases}
\tag{5-54}
$$

式中，高低角 α 和方位角 β 变化范围为

$$
\begin{cases}
-\pi/2 \leqslant \alpha \leqslant \pi/2 \\
-\pi \leqslant \beta \leqslant \pi
\end{cases}
\tag{5-55}
$$

红外相机的量测方程没有相对速度信息，而可见光相机的量测方程只有高低角和方位角。因此，上述量测方程的值会随着探测距离的变化而发生变化。

3）扩展卡尔曼滤波相对导航算法

相对量测方程为星载测量设备的输出，不同测量敏感器获得的测量数据差距较大，如微波雷达量测信息包括视线距、相对视线方位角、相对视线仰角和视线速度；红外相机量测信息包括相对视线方位角和相对视线仰角；可见光相机量测信息包括相对视线方位角和相对视线仰角；激光雷达量测信息包括视线距。不同测量设备的精度不同，由此得到的量测方程 $Z(t)$ 也会有差异，如激光雷达的量测方程为

$$
Z(t) = h(\boldsymbol{X}(t)) = \begin{bmatrix} \rho \\ \alpha \\ \beta \end{bmatrix} = \begin{bmatrix} \sqrt{x^2 + y^2 + z^2} \\ \arctan \dfrac{y}{\sqrt{x^2 + z^2}} \\ -\arctan(z/x) \end{bmatrix} + v
\tag{5-56}
$$

式中，v 为系统量测噪声，可考虑为白噪声。同理可得到可见光、红外测距相关的量测信息，根据任务需求和相对距离要求，可以选择合适的量测信息。由于量测信息通常是非线性的，一般采用扩展卡尔曼滤波算法。

2. 天基空间目标模型辨识

天基空间目标状态估计是估计出目标的机动加速度或其统计特性表现的均值和方差等，典型方法包括：协方差匹配法、自适应状态估计器、二级卡尔曼滤波算法、机动目标基于全局统计(Singer)模型的均值与方差估计法、机动目标"当前"统计模型的均值与方差自适应跟踪算法、基于交互式多模型的目标状态估计方法。

1）基于 Singer 模型的目标状态估计

当卫星执行非恒定加速度机动时，如轨道调整、姿态控制、变轨操作、避障机动等，

其加速度状态会发生显著变化。Singer 模型能够准确描述这种带有加速度变化的机动行为，有助于跟踪系统实时捕获并预测卫星在这些复杂机动过程中的运动轨迹。

Singer 模型将目标的机动加速度 $a(t)$ 状态建模成为均值为 0 且具有指数自相关性质的随机过程，即

$$R(\tau) = E[a(t)a(t+\tau)] = \sigma_m^2 e^{-\alpha|\tau|} \tag{5-57}$$

式中，σ_m 是加速度方差；α 是机动频率，用来表征目标机动性的大小，即目标在机动时间常数 $1/a(t)$ 的时间内，目标的加速度具有指数自相关性，目标机动性越大，α 的值越大，反之，则 α 的值越小。α 值的确定一般是通过先前测量，根据对目标机动能力的判断，给出一个固定的经验值。虽然机动频率 α 可以在一定程度上表示目标的机动能力，但仍然需要事先指定经验值，对滤波器来说，无法实时判断目标是否机动以及机动性大小。

使用卡尔曼滤波的基本条件是噪声为白噪声，需将机动加速度 $a(t)$ 白化，白化后的相关函数为 $2\alpha\sigma_m^2\delta(\tau)$，用白噪声表达的关系式为

$$a(t) = -\alpha a(t) + \nu(t) \tag{5-58}$$

式中，$\nu(t)$ 是高斯白噪声，其均值为 0 且方差为 $2\alpha\sigma_m^2$，即

$$E[\tilde{\nu}(t)\nu(t)] = 2\alpha\sigma_m^2\delta(t-\tau) \tag{5-59}$$

假设只考虑 x 维目标的状态，则目标的状态向量为 $\boldsymbol{X}(t) = [x(t) \quad \dot{x}(t) \quad \ddot{x}(t)]^{\mathrm{T}}$，而此时 $\ddot{x}(t) = a(t)$，则其状态方程为

$$\dot{\boldsymbol{X}}(t) = \boldsymbol{A}\boldsymbol{X}(t) + \tilde{\boldsymbol{V}}(t) \tag{5-60}$$

$$\boldsymbol{A} = \begin{bmatrix} 0 & 1 & 0 \\ 0 & 0 & 1 \\ 0 & 0 & -\alpha \end{bmatrix} \tag{5-61}$$

式中，α 表示机动频率。

过程噪声为

$$\boldsymbol{V}(t) = [0 \quad 0 \quad \tilde{\nu}(t)]^{\mathrm{T}} \tag{5-62}$$

对连续时间系统进行离散化，采样间隔为 T，经拉普拉斯变换，可得到目标运动状态的离散化模型为

$$\boldsymbol{X}(k+1) = \boldsymbol{F}(k)\boldsymbol{X}(k) + \boldsymbol{V}(k) \tag{5-63}$$

式中，状态转移矩阵为

$$\boldsymbol{F}(k) = \mathrm{e}^{AT} = \begin{bmatrix} 1 & T & \dfrac{\alpha T - 1 + \mathrm{e}^{-\alpha T}}{\alpha^2} \\ 0 & 1 & \dfrac{1 - \mathrm{e}^{-\alpha T}}{\alpha} \\ 0 & 0 & \mathrm{e}^{-\alpha T} \end{bmatrix} \tag{5-64}$$

式中，α 是根据对目标机动能力的判断而提前给出的经验值。

过程噪声向量 $V(k)$ 的协方差 $Q(k)$ 为

$$Q(k) = 2\alpha\sigma_m^2 \begin{bmatrix} q_{11} & q_{12} & q_{13} \\ q_{21} & q_{22} & q_{23} \\ q_{31} & q_{32} & q_{33} \end{bmatrix} \tag{5-65}$$

$Q(k)$ 为对称阵，其中：

$$\begin{cases} q_{11} = \dfrac{1}{2\alpha^5}\left(1 - e^{-2\alpha T} + 2\alpha T + \dfrac{2\alpha^3 T^3}{3} - 2\alpha^2 T^2 - 4\alpha Te^{-\alpha T}\right) \\[2mm] q_{12} = \dfrac{1}{2\alpha^4}\left(e^{-2\alpha T} + 1 - 2e^{-\alpha T} + 2\alpha Te^{-\alpha T} - 2\alpha T + \alpha^2 T^2\right) \\[2mm] q_{13} = \dfrac{1}{2\alpha^3}\left(1 - e^{-2\alpha T} - 2\alpha Te^{-\alpha T}\right) \\[2mm] q_{22} = \dfrac{1}{2\alpha^3}\left(4e^{-\alpha T} - 3 - e^{-2\alpha T} + 2\alpha T\right) \\[2mm] q_{23} = \dfrac{1}{2\alpha^2}\left(e^{-2\alpha T} + 1 - 2e^{-\alpha T}\right) \\[2mm] q_{33} = \dfrac{1}{2\alpha}\left(1 - e^{-2\alpha T}\right) \end{cases} \tag{5-66}$$

2) 基于"当前"统计模型的目标状态估计

由于"当前"统计模型的算法采用非零均值和修正的瑞利分布描述机动加速度的统计特性，因此其概率密度函数为

$$p_r(a) = \begin{cases} \dfrac{a_{\max} - a}{u^2}\exp[-\dfrac{(a_{\max} - a)^2}{2u^2}], & 0 < a \leqslant a_{\max} \\[2mm] \delta(a), & a = 0 \\[2mm] \dfrac{a - a_{\max}}{u^2}\exp[-\dfrac{(a - a_{\max})^2}{2u^2}], & a_{-\max} \leqslant a < 0 \end{cases} \tag{5-67}$$

式中，$a_{\max}$ 和 $a_{-\max}$ 分别为目标机动加速度的正向最大值和负向最大值；a 为目标的机动加速度；$u > 0$，为一常数；$\delta(a)$ 为狄拉克 δ 函数。

加速度 a 的期望值 $E[a]$ 和方差 σ_a^2 分别为

$$E[a] = \begin{cases} a_{\max} - \sqrt{\dfrac{\pi}{2}}u, & a > 0 \\[2mm] a_{-\max} + \sqrt{\dfrac{\pi}{2}}u, & a \leqslant 0 \end{cases}, \quad \sigma_a^2 = \dfrac{4 - \pi}{2}u^2 \tag{5-68}$$

根据期望值 $E[a]$ 和方差 σ_a^2 可得，所假设的分布具有一个突出特点：分布随期望值变化而变化，方差由期望值决定。

"当前"统计模型可得到系统离散方程为

$$X(k+1) = \boldsymbol{\Phi}(k+1,k)X(k) + U(k)\tilde{a}(k) + \boldsymbol{\Gamma}(k)w(k) \tag{5-69}$$

式中，$\tilde{a}(k)$ 为目标随机加速度均值，

$$\boldsymbol{\Phi}(k+1,k) = \begin{bmatrix} 1 & T & (-1+aT+\mathrm{e}^{-aT})/a^2 \\ 0 & 1 & \mathrm{e}^{-aT}/a \\ 0 & 0 & \mathrm{e}^{-aT} \end{bmatrix}$$

$$U(k) = \begin{bmatrix} (-T+aT^2/2+(1-\mathrm{e}^{-aT})/a)/a \\ T-(1-\mathrm{e}^{-aT})/a \\ 1-\mathrm{e}^{-aT} \end{bmatrix}$$

$$Q_k = 2a\sigma_a^2 \boldsymbol{q}, \quad \boldsymbol{q} = \begin{bmatrix} p_{11} & p_{12} & p_{13} \\ p_{21} & p_{22} & p_{23} \\ p_{31} & p_{32} & p_{33} \end{bmatrix}$$

式中，p_{ij} 是与 a 和 T 相关的函数。其滤波方程形式与卡尔曼滤波方程形式基本相同，仅在估计一步预测方程的形式不同，即

$$\hat{X}(k+1/k) = \boldsymbol{\Phi}(k+1,k)\hat{X}(k/k) + U(k)\bar{a}(k) \tag{5-70}$$

当把一步预测方程中预测加速度的分量 $\hat{X}(k+1/k)$ 看作是瞬时当前加速度，即 $\bar{a}(k) = \hat{X}(k+1/k)$，则机动加速度的方差 σ_a^2 为

$$\sigma_a^2 = \begin{cases} \dfrac{4-\pi}{\pi}[a_{\max} - \hat{X}(k+1/k)]^2, & \hat{X}(k+1/k) > 0 \\ \dfrac{4-\pi}{\pi}[a_{\max} + \hat{X}(k+1/k)]^2, & \hat{X}(k+1/k) \leqslant 0 \end{cases} \tag{5-71}$$

在估计目标状态时，可以辨识出机动加速度均值，实时地修正加速度分布，并通过方差反馈到下一个时刻的滤波增益中，实现闭环反馈的自适应跟踪。

对式(5-71)进行离散化，可得 EKF 计算的相对导航系统数学模型：

$$\dot{\hat{X}}_{k,k-1} = \boldsymbol{\Phi}_{k,k-1}\hat{X}_{k-1} + U_{k-1}\hat{a}_{k-1} + \boldsymbol{\Gamma}_{k-1}W \tag{5-72}$$

$$Z_k = H_k\hat{X}_k + V \tag{5-73}$$

式中，系统输入矩阵：

$$U = \begin{bmatrix} \dfrac{1}{\alpha}\left(-T + \dfrac{\alpha T^2}{2} + \dfrac{1-\mathrm{e}^{-\alpha T}}{\alpha}\right) \\ T - \dfrac{1-\mathrm{e}^{-\alpha T}}{\alpha} \\ 1-\mathrm{e}^{-\alpha T} \end{bmatrix} \tag{5-74}$$

系统状态转移矩阵为

$$\boldsymbol{\varPhi}_{k,k-1} = \boldsymbol{I} + \boldsymbol{F}(t_{k-1})\Delta\boldsymbol{T} + \boldsymbol{L} \tag{5-75}$$

系统噪声矩阵为

$$\boldsymbol{\varGamma}_{k-1} = \Delta\boldsymbol{T}\left[\boldsymbol{I} + \frac{1}{2!}\boldsymbol{F}(t_{k-1})\Delta\boldsymbol{T} + \boldsymbol{L}\right]\boldsymbol{G} \tag{5-76}$$

根据扩展卡尔曼滤波理论，有

$$\hat{\boldsymbol{X}}_{k/k-1} = \boldsymbol{\varPhi}_{k,k-1}\hat{\boldsymbol{X}}_{k-1} + \boldsymbol{U}_{k-1}\hat{a}_{k-1} \tag{5-77}$$

$$\hat{\boldsymbol{X}}_k = \hat{\boldsymbol{X}}_{k/k-1} + \delta\hat{\boldsymbol{X}}_k \tag{5-78}$$

$$\delta\hat{\boldsymbol{X}}_k = \boldsymbol{K}_k[\boldsymbol{Z}_k - h(\hat{\boldsymbol{X}}_{k/k-1})] \tag{5-79}$$

$$\boldsymbol{P}_{k/k-1} = \boldsymbol{\varPhi}_{k,k-1}\boldsymbol{P}_{k-1}\boldsymbol{\varPhi}_{k,k-1}^{\mathrm{T}} + \boldsymbol{\varGamma}_{k-1}\boldsymbol{Q}\boldsymbol{\varGamma}_{k-1}^{\mathrm{T}} \tag{5-80}$$

$$\boldsymbol{K}_k = \boldsymbol{P}_{k/k-1}\boldsymbol{H}_k^{\mathrm{T}}(\boldsymbol{H}_k\boldsymbol{P}_{k-1}\boldsymbol{H}_k^{\mathrm{T}} + \boldsymbol{R})^{-1} \tag{5-81}$$

$$\boldsymbol{P}_k = (\boldsymbol{I} - \boldsymbol{K}_k\boldsymbol{H}_k)\boldsymbol{P}_{k/k-1} \tag{5-82}$$

式中，$\boldsymbol{Q}$ 和 $\boldsymbol{R}$ 分别为系统噪声和量测噪声的协方差阵。

卡尔曼滤波具有两个计算回路：增益计算回路和滤波计算回路。其中增益计算回路是独立计算回路，而滤波计算回路依赖于增益计算回路。在一个滤波周期内，卡尔曼滤波具有两个明显的信息更新过程：时间更新过程和量测更新过程。由式(5-77)～式(5-82)构造的相对导航数学仿真模型如图 5-13 所示。

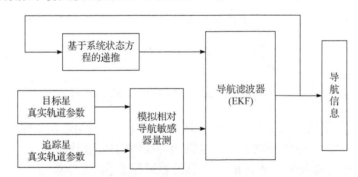

图 5-13　相对导航数学仿真模型

3) 基于交互式多模型的目标状态估计

多模型的目标状态估计是使用多个模型对同一个目标进行估计，再将估计结果整合得到最终结果。它作为一种混合估计问题，其估计量在一个维度上具有连续特征，在另一个维度上具有离散特征。一个时间上连续，模式上离散的混合系统为

$$\dot{x}(t) = f(x(t), s(t), v(t), t), \quad z(t) = h(x(t), s(t), w(t), t) \tag{5-83}$$

式中，$x(t)$ 为系统的连续状态；$s(t)$ 为系统的模式或模型类型，其一般是一个离散量；$v(t)$ 和 $w(t)$ 分别为过程噪声和量测噪声；$z(t)$ 为量测信息。模型之间的切换满足一定的规律，可认为是一种马尔可夫过程。

多模型估计方法的结构包含四个部分：模型集设计、模型合作策略、条件估计、输出

处理。模型集设计分为变结构多模型估计方法和固定结构多模型估计方法。变结构多模型的模型集设计分为两步，一是设计全部备用模型集，二是设计模型自适应选择。固定结构多模型只需设计全部备用模型集而无需设计模型自适应选择。多模型估计的模型集设计对估计精度的影响超过滤波算法的选择，需要根据不同的应用场景来设计。输出处理是将每个模型的估计结果整合，主要有硬决策和软决策两种融合方式。硬决策是从多个估计结果中挑最好的，软决策是将所有结果加权得到一个最终结果。

假设一个拥有 r 个模型的多模型结构如图 5-14 所示，其采用最小均方误差(MMSE)的条件估计，融合方式为概率加权。

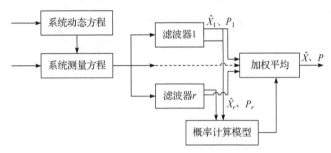

图 5-14　多模型结构图

设 M_j 表示准确的模型，模型具有先验概率 $\Pr\{M_j\} = \mu_j(0)(j = 1, 2, \cdots, r)$，则 k 时刻测量的可能性为

$$\lambda_j(k) = \Pr[Z^k \mid M_j] = \prod_{i=1}^{k} p[v_j(i)] \tag{5-84}$$

式中，$p[v_j(i)] = \left|2\pi S_j(k)\right|^{-1/2} \exp[-1/2 v_j^{\mathrm{T}}(k) S_j^{-1} v_j(k)]$。

根据贝叶斯定理，k 时刻模型 j 是准确模型的后验概率为

$$
\begin{aligned}
\mu_j(k) \triangleq \Pr(M_j \mid Z^k) &= \frac{\Pr(Z^k \mid M_j)\Pr(M_j)}{\Pr(Z^k)} \\
&= \frac{\Pr(Z^k \mid M_j)\Pr(M_j)}{\sum_{l=1}^{r}\Pr(Z^k \mid M_l)\Pr(M_l)} = \frac{\lambda_j(k)\mu_j(0)}{\sum_{l=1}^{r}\lambda_l(k)\mu_l(0)}
\end{aligned}
\tag{5-85}
$$

用上面求得的后验概率加权获得目标最终组合状态估计：

$$\hat{X}(k \mid k) = \sum_{j=1}^{r} \mu_j(k)\hat{X}_j(k \mid k) \tag{5-86}$$

$$P(k \mid k) = \sum_{j=1}^{r} \mu_j(k)[P_j(k \mid k) + \hat{X}_j(k \mid k) - \hat{X}(k \mid k)][\hat{X}_j(k \mid k) - \hat{X}(k \mid k)]^{\mathrm{T}} \tag{5-87}$$

交互式多模型(IMM)算法是多模型估计的一种典型算法，是一种包含多个模型且具有自适应能力的算法，根据与目标的匹配程度将各个模型的滤波结果进行加权融合，最

后实现对目标的稳定跟踪。模型之间根据转移概率进行转移，对模型的输出进行交互作用以后再给到下一时刻的输入，输出采用的是软决策，然后得到最后的状态估计结果。

假设一个 IMM 算法包含了 N 个滤波器，可认为滤波器隐含了模型，还包括模型概率更新模块、交互作用模块和状态估计融合模块。交互作用模块为各滤波器提供输入，状态估计融合模块将各滤波器的输出融合成一个输出，其 IMM 结构框图如图 5-15 所示。其中，$\hat{X}(k|k)$ 表示 k 时刻 N 个模型融合后的状态估计，$\hat{X}_j(k|k)(j=1,2,\cdots,N)$ 表示第 j 个模型的状态估计，$\Lambda(k)$ 为模型可能性向量，$u(k)$ 为模型概率向量，$\hat{X}_j(k-1|k-1)(j=1,2,\cdots,N)$ 为 $k-1$ 时刻第 j 个模型的输入。

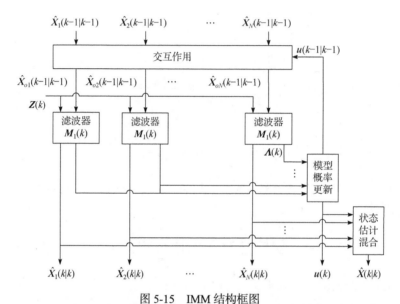

图 5-15　IMM 结构框图

假设 IMM 算法中的滤波器均为卡尔曼滤波器，则从 $k-1$ 时刻到 k 时刻的详细递推过程介绍如下。

1) 状态估计的交互

图 5-15 中 k 时刻模型集的先验概率为 $u(k)=(u_1(k),u_2(k),\cdots,u_N(k))$，从模型 i 到模型 j 的转移概率矩阵 P 为

$$P=\begin{bmatrix} p_{11} & p_{12} & \cdots & p_{1N} \\ p_{21} & p_{22} & \cdots & p_{2N} \\ \vdots & \vdots & & \vdots \\ p_{N1} & p_{N2} & \cdots & p_{NN} \end{bmatrix} \tag{5-88}$$

此模型中的转移概率矩阵为根据实际情况预先给定的，不随时间变化。

假设滤波器 j 在 $k-1$ 时刻的状态估计向量为 $\hat{X}_j(k-1|k-1)$，协方差矩阵为 $P_j(k-1|k-1)$，准确率为 $u_j(k-1)$，则状态向量和模型概率经过交互作用后得到 k 时刻滤波器输入状态为

$$\hat{X}_{oj}(k-1\,|\,k-1) = \sum_{i=1}^{N} \hat{X}_i(k-1\,|\,k-1)u_{i|j}(k-1\,|\,k-1) \tag{5-89}$$

式中， $u_{i|j}(k-1\,|\,k-1) = \dfrac{1}{\bar{C}_j} p_{ij} u_i(k-1)$ ， $\bar{C}_j = \sum_{i=1}^{N} p_{ij} u_j(k-1)$ 。

2) 卡尔曼滤波

假设 $\hat{X}_{oj}(k-1\,|\,k-1)$ 、 $P_{oj}(k-1\,|\,k-1)$ 和测量 $Z(k)$ 为第 j 个滤波器的输入，状态向量一步预测为

$$\hat{X}_j(k\,|\,k-1) = F_j(k-1)\hat{X}_{oj}(k-1\,|\,k-1) \tag{5-90}$$

误差协方差一步预测：

$$P_j(k\,|\,k-1) = F_j(k-1)P_{oj}(k-1\,|\,k-1)F_j^{\mathrm{T}}(k-1) + Q_j(k-1) \tag{5-91}$$

测量预测值：

$$\hat{Z}_j(k\,|\,k-1) = H_j(k)\hat{X}_j(k\,|\,k-1) \tag{5-92}$$

测量值误差：

$$v_j(k) = Z(k) - \hat{Z}_j(k\,|\,k-1) \tag{5-93}$$

信息协方差：

$$S_j(k) = H_j(k)P_j(k\,|\,k-1)H_j^{\mathrm{T}}(k) + R(k) \tag{5-94}$$

增益：

$$K_j(k) = P_j(k\,|\,k-1)H_j^{\mathrm{T}}(k)S_j^{-1}(k) \tag{5-95}$$

状态更新：

$$\hat{X}_j(k\,|\,k) = \hat{X}_j(k\,|\,k-1) + K_j(k)v_j(k) \tag{5-96}$$

状态协方差更新：

$$P_j(k\,|\,k) = P_j(k\,|\,k-1) - K_j(k)S_j(k)K_j^{\mathrm{T}}(k) \tag{5-97}$$

3) 模型概率更新

假设模型 j 的信息服从高斯分布，则模型 j 的可能性向量为

$$\Lambda_j(k) = \frac{1}{\sqrt{\left|2\pi S_j(k)\right|}} \exp\left[-\frac{1}{2}v_j^{\mathrm{T}}S_j^{-1}(k)v_j(k)\right] \tag{5-98}$$

则模型 j 的概率更新向量为

$$\mu_j(k) = \frac{1}{C}\Lambda_j(k)\bar{C}_j \tag{5-99}$$

4) 模型输出

IMM 算法在 k 时刻输出的状态估计和状态协方差估计分别为

$$\hat{\boldsymbol{X}}(k\,|\,k) = \sum_{i=1}^{N} \hat{\boldsymbol{X}}_i(k\,|\,k)\boldsymbol{\mu}_i(k) \tag{5-100}$$

$$\boldsymbol{P}(k\,|\,k) = \sum_{i=1}^{N} \boldsymbol{\mu}_i(k)\{\boldsymbol{P}_i(k\,|\,k) + [\hat{\boldsymbol{X}}_i(k\,|\,k) - \hat{\boldsymbol{X}}(k\,|\,k)][\hat{\boldsymbol{X}}_i(k\,|\,k) - \hat{\boldsymbol{X}}(k\,|\,k)]^{\mathrm{T}}\} \tag{5-101}$$

IMM 算法是一种非常有效的多模型估计算法，一定程度上兼顾了估计性能和计算量，一般模型数量越多，覆盖的运动模式越多，跟踪精度越高，但模型数量太多可能会增加计算量，导致算法实时性变差。

习　题

5.1　天基光学探测的基本过程是什么？

5.2　天基探测主要手段包括哪几类？请简述不同探测手段的基本原理和组成。

5.3　简述不同探测手段的优缺点及主要用途。

5.4　结合空间目标的可见光反射特性和红外辐射特性特点，简要阐述空间目标可见光和红外辐射特性的计算模型。

5.5　描述天基空间目标探测的主要场景。结合天基空间目标探测场景，分析天基空间目标检测存在的难点，并阐述不同难点对天基空间目标检测的影响情况。

5.6　简要阐述天基空间目标检测与识别的整体流程。

5.7　天基空间目标检测与识别首要任务是图像预处理，图像预处理的作用是什么？具体包括哪些过程？并简要分析各过程的实现方法。

5.8　天基空间目标的检测方法一般包括哪几类？简述不同方法的优缺点及适用场景。

5.9　天基空间目标跟踪的实质是根据观测值，选择合适的滤波方法对目标状态进行估计，关键在于模型的建立和滤波算法，简单列举事例说明模型和滤波的优劣对跟踪的性能影响情况。

5.10　假设一个交互式多模型算法包含了 N 个卡尔曼滤波器，还包括模型概率更新模块、交互作用模块和状态估计融合模块，交互作用模块为各滤波器提供输入，状态估计融合模块将各滤波器的输出融合成一个输出。其中，$\hat{\boldsymbol{X}}(k\,|\,k)$ 表示 k 时刻 N 个模型融合后的状态估计，$\hat{\boldsymbol{X}}_j(k\,|\,k)(j=1,2,\cdots,N)$ 表示第 j 个模型的状态估计，$\boldsymbol{\varLambda}(k)$ 为模型可能性向量，$\boldsymbol{u}(k)$ 为模型概率向量，$\hat{\boldsymbol{X}}_j(k-1\,|\,k-1)(j=1,2,\cdots,N)$ 为 $k-1$ 时刻第 j 个模型输入，请写出从 $k-1$ 时刻到 k 时刻的详细递推过程。

第 6 章

天基空间目标智能探测信息处理

全球太空资源开发热潮的不断高涨和人类对外太空探索的不断深入，使得空间目标数量逐渐增多，空间系统功能日趋复杂，空间事件发生更加频繁，空间系统行为意图愈加难辨，空间安全环境越发复杂、多变且充满不确定性，这对空间目标态势感知系统的全面性、精细性、及时性和深入性提出了新要求，而天基空间目标探测是空间目标态势感知的基础。由于天基空间目标探测系统在空间工作时处于无人控制状态，对其自主感知能力、能耗和生存能力均有较高要求。人工智能技术的发展能够提高信息获取、信息处理、信息呈现和分发的质量和速度，将为天基空间目标探测感知系统应对上述要求提供重要支撑。因此，研究具备一定自主能力的天基空间目标智能探测技术具有重要的科学意义和军民两用价值。

6.1 天基空间目标智能识别

天基空间目标智能识别的主要任务是从天基空间目标探测系统观测的数据中获取目标情报，是天基空间目标探测感知系统的核心技术。近年来，随着人工智能技术的飞速发展，利用深度学习实现智能化的天基空间目标智能检测与识别成为新的研究热点。然而，当前仍有几个难点亟待解决：一是图像获取成本高，现有的公开数据集多为软件仿真得到的，图像中的目标角度和姿态较为单一，其数量和多样性均难以满足神经网络的训练要求；二是天基空间远距离目标外表面的辐射与反射变化、天体背景干扰和目标机动导致的成像特征时变问题，因而需要一种新的空间目标光学特征快速鲁棒提取方法；三是在空间连续任务过程中，不同目标外部形状较为相似，直接对整幅图像进行目标识别的准确率有待提高，加强利用多种类目标远近距离变化过程中的运动特征、光学特征、几何特征进行自适应学习是提高识别精度的关键。针对以上问题，本节基于深度学习技术围绕天基空间目标样本生成、天基空间目标光学特征快速鲁棒提取和天基空间目标自适应识别过程进行详细的阐述。

6.1.1 天基空间目标样本生成

在轨操作任务中收集的空间目标可见光样本仍然稀少，直接通过在轨实验获取样本的成本过高。此外，地面试验难以完全模拟空间实际情况，在地面采集的数据集上训练的模型无法很好地泛化以应用于实际空间任务。因此，采用生成对抗网络(generative adversarial network，GAN)扩充地面采集的数据集，结合空间光场环境对电星模、光星模等地面环境模拟数据集进行调整和信息填充，使之尽可能接近空间真实数据。

本小节介绍 GAN 的典型变体——循环生成对抗网络(cycle generative adversarial network，CycleGAN)，其由两个镜像对称的生成对抗网络构成环形网络，旨在学习给定训练样本 $\{x_i\}_{i=1}^N$ 和 $\{y_i\}_{i=1}^M$ 的两个域 X (理想光照)和 Y (极端光照)之间的映射函数。模型包含两个映射 $G: X \rightarrow Y$ 和 $F: Y \rightarrow X$，如图 6-1(a)所示。在此基础上，引入了两个对抗判别器 D_X 和 D_Y，D_X 用于区分图像 $\{x\}$ 和转换后的图像 $\{F(y)\}$；D_Y 用于区分图像 $\{y\}$ 和转换后的图像 $\{G(x)\}$，如图 6-1(b)和(c)所示。目标函数包含对抗损失和循环一致性损失两部分，对抗损失用于确保生成的图像与目标域数据分布相似，而循环一致性损失则用于确保学习到的映射关系是一致的，以防止学习的映射 G 和 F 相互矛盾。

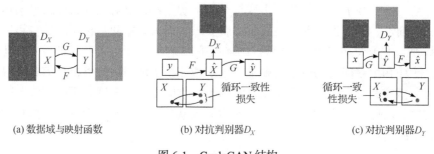

(a) 数据域与映射函数　　　　(b) 对抗判别器D_X　　　　(c) 对抗判别器D_Y

图 6-1　CycleGAN 结构

将理想条件获取的部分样本设为 XY 域，利用 CycleGAN 训练 X 域与 Y 域之间的相互映射，并将最终训练得到的对抗判别器 D_X 用于对理想样本进行极端光照信息、复杂背景干扰等噪声信息填充，可有效对目标样本进行增广，强化神经网络对目标不变特征的理解，提升特征提取模型在复杂光场条件下的鲁棒性。

6.1.2　天基空间目标光学特征快速鲁棒提取

天基空间目标识别网络的底层卷积核可以表述目标局部特征，如边缘、颜色、纹理等。因此，开展天基空间目标光学特征快速鲁棒提取是天基空间目标智能识别算法设计的关键。随着网络深度的加深，天基空间目标的特征不断被抽象，所获得的特征也更加具有整体意义。因此，需要分析神经网络中卷积核对天基空间目标不变特征的响应模式，保留最大响应的卷积核，提升目标特征识别的效率。

基于此，设计特征快速提取网络，对杂光干扰环境下的可见光图像目标进行光学特征提取，在连续任务过程中，实现对天基空间目标光学特征的快速、准确识别。

天基空间目标光学特征鲁棒性表达模型构建过程如图 6-2 所示，整个实现过程包括两部分内容：一是在神经网络训练过程中，在原始样本的基础上加入对抗样本进行训练，分析神经网络中卷积核对天基空间目标不变特征的响应模式，保留最大响应的卷积核，迭代检验神经网络，强化神经网络对目标不变特征的理解，形成对抗样本下的卷积核表征能力稳定性模型。二是在强光干扰，目标高速运动产生光斑、拖尾等复杂光场条件下，采用基于光流场的天基空间目标运动特征辨识方法实现光场特征融合处理，增强神经网络对光学特征的提取能力。

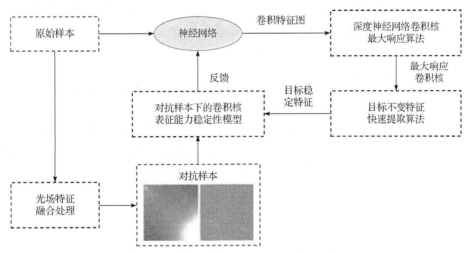

图 6-2　天基空间目标光学特征鲁棒性表达模型构建过程

1. 目标不变特征提取

各卷积层神经元响应模式的差异性主要取决于各卷积层中神经元的选择性响应。通过评判每个卷积核与天基空间目标不变特征的关联性，从而筛选得到网络每层与目标不变特征关联性最强的卷积核，层神经网络输出的特征图不同，表明卷积核对同一特征的响应程度不同，其中响应程度高的卷积核是快速提取天基空间目标不变特征的关键。相比之下，低响应程度的卷积核在特征提取中的作用有限，但这些特征同样会耗费运算资源，并影响目标的快速识别。不同天基空间目标在网络结构中表现出不同的响应模式，主要表现在两方面：

(1) 神经元响应强度的差异性。不同卷积层神经元对同类目标的响应强度存在差异，相同卷积层神经元对不同目标响应强度也有差异。

(2) 神经元激活或抑制状态。不同类别影像包含的目标不同或影像中相同目标的视觉特征差异，都会导致特定神经元的响应或抑制，而且这种神经元对影像的激活或抑制状态发生在每个卷积层中，即表现为适度的稀疏性。

2. 基于光流场的天基空间目标运动特征辨识

基于 6.1.1 小节所述，首先使用特征提取网络提取出每帧的光学特征图。光流是目标、场景或摄像机在连续两帧图像间运动时造成的目标运动。它是图像在平移过程中的二维矢量场，是通过二维图像来表示物体点三维运动的速度场，反映了微小时间间隔内由于运动形成的图像变化，以确定图像点上的运动方向和运动速率。光流特征定义示意图如图 6-3 所示。

天基空间目标在动态变化中，满足光流法的基本条件，即空间一致性和相邻像素具有相似的运动，因此，可以使用一个光流网络来预测相邻帧和该帧之间的联系。为加强被处理帧的特征，采用光流分析法，通过多幅可见光图像的时序叠加，利用光流描述图像中天基空间目标的像素点的位移轨迹，并基于 FlowNet 模型提取移动特征。如图 6-4 所示，从邻近帧得到的特征图被光流扭曲聚合到当前帧。扭曲的特征图和当前帧的特征图在一个自适应的加权网络中聚合。聚合后的特征图输入检测网络得到该帧最后的检测结果。

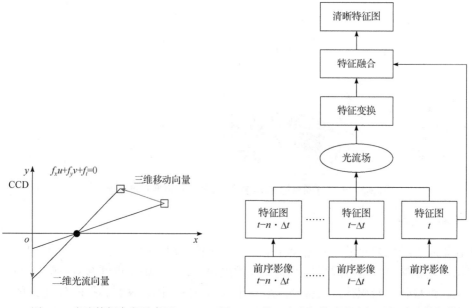

图 6-3　光流特征定义示意图　　图 6-4　基于光流场的天基空间目标运动特征辨识流程

使用二维向量表示光流，光流也可以定义为图像中亮度图案运动的视在速度分布。光流描述图像每个像素向下一帧运动的光流。假设一个目标像素在 t 时刻的亮度为 $I(x, y, t)$，在 $t + \delta t$ 时刻，运动 $[\delta x, \delta y]$ 后与 t 时刻具有相同的亮度，即 $I(x, y, t) = I(x + \delta x, y + \delta y, t + \delta t)$，对该约束用泰勒公式进行一阶展开并关于时间 t 求偏导可以得到光流方程，令 $u = x, v = y$，则可得 $f_x u + f_y v + f_t = 0$，即相同位置的灰度微分是空间灰度微分与这个位置上相对于观察者的速度的乘积。如此即可得到一系列追踪点，运用其绘制出稠密光流表示如图 6-5 所示。

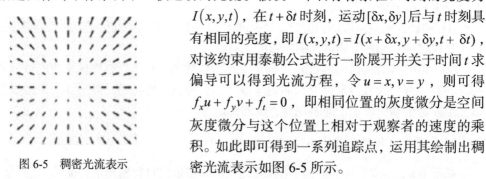

图 6-5　稠密光流表示

6.1.3　天基空间目标自适应识别

针对天基空间目标探测过程中存在外表面辐射与反射变化、天体背景干扰和目标机动导致的成像特征时变问题，采用注意力引导的目标识别模型，实现复杂任务环境下多种类、多运动状态目标的自适应识别与分类问题。天基空间目标自适应识别流程如图 6-6

所示。

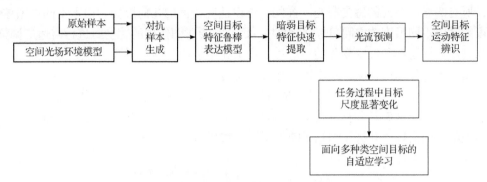

图 6-6　天基空间目标自适应识别流程

1. 面向多种类空间目标的自适应学习机制

建立多种类空间目标自适应学习机制，对空间目标运动特征、光学特征、几何特征进行自适应学习。神经网络面向单一任务，当处理多个连续任务时会导致灾难性遗忘。其原因是连续学习序列任务会导致网络参数空间相互干扰。对于距离变化导致的识别目标变化，通常需要重新设计模型结构，并在新模型的训练上消耗大量的计算资源，其自适应性较差。本小节介绍一种面向多种类空间目标的自适应学习方法，基于图 6-7 所示的可变形卷积核，设计具有相同网络结构的不同分支，使特定尺度范围的每个分支与其感受野相匹配。通过整个多分支网络进行权重共享，避免处理多个连续场景的不同类型部组件识别时产生灾难性遗忘，提升连续任务过程中学习模型的鲁棒性。

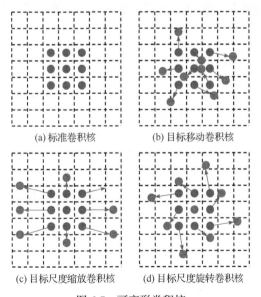

(a) 标准卷积核　　　　(b) 目标移动卷积核

(c) 目标尺度缩放卷积核　　(d) 目标尺度旋转卷积核

图 6-7　可变形卷积核

标准卷积操作中采用规则的格点采样，如图 6-7(a)所示，但是导致在同一层卷积层中，所有的激活单元的感受野是一样的，难以适应目标的几何形变。由于不同的图像位置可能对应不同尺度的空间目标(部组件)，因此需要对图像中的感受野进行自适应调整，以提高对目标运动和尺度变化的适应性。本书介绍了可变形卷积核，如图 6-7(b)~(d)所示，用于表征目标的移动、尺度缩放和尺度旋转。

如图 6-8 所示，可变形卷积核生成特征图的过程中，在输入特征图内，通过定义目标的尺度缩放、尺度旋转和移动规则，对每一个原始卷积的滑动窗口做偏移处理，得到新的不规则滑动窗口，并将卷积结果映射至输出特征图。

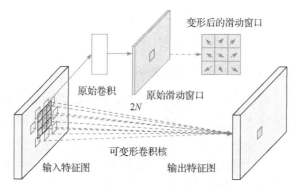

图 6-8　可变形卷积核生成特征图流程

对于卷积层输出的任意尺寸特征图，将其分为固定尺度的特征块(如1×1、2×2、4×4等)，将每一个特征块的特征融合成为固定维度(滤波器数量)的特征向量，并将融合后的特征向量拼接成为固定长度的特征表达，进而输入到全连接层，从而实现了多尺度、多分辨率目标的有效识别。

2. 注意力引导的目标识别模型

采用注意力引导的目标识别模型，基于 6.1.1 小节和 6.1.2 小节建立的图像中不同区域与目标相关性的表述机制，利用光流描述图像中空间目标像素点的位移轨迹，基于FlowNet 模型提取目标移动特征及构建的面向多种类空间目标的自适应学习机制，基于可变形卷积核设计具有相同网络结构的不同分支，使特定尺度范围的每个分支与其感受野相匹配。结合连续图像中的目标运动趋势和数理知识，对目标当前的运动趋势进行预测。同时，可利用历史数据辅助当前任务的学习，提升预测的准确性，实现复杂任务环境下多种类、多运动状态目标的自适应识别与分类问题。

网络中根据目标的大小差异，设置多个检测分支，其网络结构如图 6-9 所示。每个检测分支具有不同的卷积扩张率，但各分支采用共享的权重。这使得新的网络与原始网络相比无额外的参数数量增加，可保证模型的时效性。同时可以实现在任务执行时，目标尺度明显变化的过程中无需更新模型或调整参数，确保每一任务时刻的目标至少有一个检测分支可准确识别。

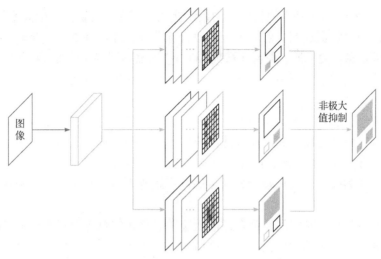

图 6-9　基于扩张卷积核的多分支网络结构

6.2　天基空间目标智能航迹估计

6.2.1　天基空间目标运动航迹管理

在天基空间目标智能识别的基础上，为有效实现天基空间目标的连续跟踪，需要开展天基空间目标运动航迹的管理。天基空间目标运动航迹管理通过对目标与背景运动特性差异的分析，利用背景点航迹具有运动一致性的特点，通过航迹关联和聚类筛选出目标航迹。天基空间目标运动航迹管理主要涉及航迹关联和航迹聚类两个阶段。航迹关联问题的关键是正确识别目标的多个测量值中的唯一真值，测量值与目标之间的不匹配将反过来导致不佳的目标连续跟踪结果。航迹聚类的思想主要是依据大量背景点航迹的共性规律来分离出具有孤立特性的目标点航迹。

本小节介绍一种基于航迹管理的运动目标筛选算法，该算法主要包括两大部分：基于残差分析的自适应航迹关联；基于全局运动估计的航迹聚类。图 6-10 为航迹管理算法的框架流程图。

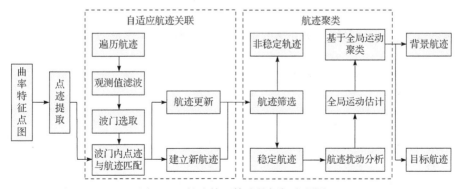

图 6-10　航迹管理算法的框架流程图

如图 6-10 所示,对天基空间目标探测系统获取的图像进行疑似目标曲率特征点提取,获得疑似目标曲率特征点图,然后进行疑似目标曲率特征点迹提取,获取疑似目标曲率特征点的位置信息、曲率值、类目标指数(SOT)值和描述等特征信息。将获得的当前帧点迹与现有航迹匹配关联,更新和新建航迹,筛选稳定航迹进行航迹聚类,最终决策出天基空间目标的航迹。

自适应航迹关联首先遍历识别的天基空间目标航迹,对航迹观测值计算得到的速度进行滤波,获得滤波速度;利用航迹滤波速度预测波门位置,根据历史残差选取波门大小;判断波门内是否存在点迹,若只有一个,则直接关联,若存在多个点迹,则选取匹配度最高的点迹作为关联点迹;基于关联点迹进行航迹更新,若存在未被关联的点迹则直接新建航迹。

航迹聚类首先从天基空间目标自适应航迹关联获得的航迹中筛选出满足航迹关联点数大于一定阈值,且置信度也大于一定阈值的航迹用于全局运动估计;对航迹进行扰动分析,剔除航迹中运动速度的异常值;统计大量特征点航迹的平均运动速度信息,估计图像全局运动的速度范围;基于估计出的全局运动的速度范围,将特征点航迹的平均速度位于全局运动范围内的航迹归类为背景航迹,不在全局运动范围内的归类为疑似目标航迹;若连续多次被归类为疑似目标航迹,则确认为最终天基空间运动目标,完成对天基空间目标航迹的管理,获得天基运动目标航迹粗值,为天基空间目标运动航迹的预测提供输入。

6.2.2 天基空间目标运动航迹智能预测

近年来,人工智能技术快速发展,可采用基于深度学习的数据驱动方法完成航迹预测任务,即利用深度神经网络提取航迹的运动特征、中断特征、误差特征等信息,通过损失函数对高维空间中的航迹特征进行约束,实现从航迹数据到关联结果的映射。与传统方法相比,深度学习方法可以基于实测航迹数据,自动训练航迹预测模型,有效避免了人工对模型的选取、目标运动参数的设置、目标先验信息的采集分析等大量调试操作,具有预测速度快、预测精度高、泛化能力强等优点。

天基空间目标运动航迹管理能够获得运动趋势较稳定、运动状态变化较小情况下的目标轨迹的有效辨识。为提高空间目标轨迹预测的实时性和准确性,在空间目标运动航迹管理的基础上,通过采用基于神经网络机器学习的方法,设计基于时空信息关联的目标位置估计网络。根据目标历史航迹数据设计并训练神经网络模型,实现对目标运动非线性曲线的有效拟合,完成对空间目标运动航迹的智能预测。

天基空间目标位置估计将前端目标识别模块输出的目标增强序列和星点目标坐标矩阵作为输入,基于时空信息关联网络完成空间目标位置估计。空间目标位置估计依次包括特征提取模块、特征融合模块、位置预测模块、恒星剔除模块共四个阶段:①特征提取模块利用 ResNet 主干网络对增强序列中的每一帧图像进行特征提取,以获得具有丰富语义信息的高级特征。②特征融合模块由多个双向传递的 LSTM 单元组成,用于捕获帧间时序特征。③位置预测模块依次包括空间注意力模块和航迹管理模块。其中特征融合模块用于将 LSTM 单元输出的包含语义信息的时序特征与 ResNet 主干网络浅层的空间特征进行自适应融合；空间注意力模块根据融合特征中不同层次对位置预测的重要性进行特征权重重分配，经由航迹管理模块转换并输出为一系列疑似空间目标航迹。④恒星剔除模块根据恒星坐标矩阵，将疑似空间目标航迹中可能存在的恒星航迹剔除，即可获得真实的卫星航迹列表。航迹管理模块如 6.2.1 小节所述，本小节重点阐述特征提取模块、特征融合模块、位置预测模块。

空间目标位置估计具体流程如图 6-11 所示。

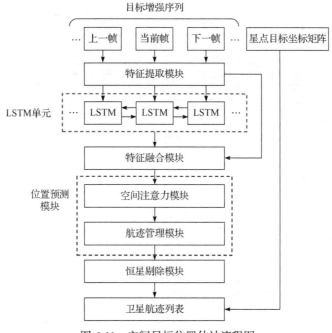

图 6-11　空间目标位置估计流程图

1. 特征提取模块

特征提取模块基于前端目标识别模块输出的目标增强序列和星点目标坐标矩阵，采用特征提取模块获得空间目标特征提取结果，本小节基于 ResNet18 网络作为示例，ResNet18 结构如图 6-12 所示。ResNet18 使用基本块，其残差模块数量(units 数量)为 [2,2,2,2]，又因为每个残差模块中只包含了 2 层卷积，故残差模块总的卷积层数为 $(2+2+2+2)\times 2=16$，再加上第一层的卷积和最后一层的分类，总共是 18 层。

2. 特征融合模块

特征融合模块由多个双向 LSTM 单元组成，用于捕获帧间时序特征。其中 LSTM 网络是一种门控循环神经网络，相较于原始 RNN，LSTM 不仅可以充分利用短期信息，还可以有效地利用长期的时序信息。检测网络提取图像特征后，获得包含空间目标信息的多维特征图。本小节介绍改进的基于注意力卷积长短时记忆(AC-LSTM)网络，将不同帧之间的特征图进行关联，其网络结构如图 6-13 所示。AC-LSTM 中用于学习的各个参数的定义如下：

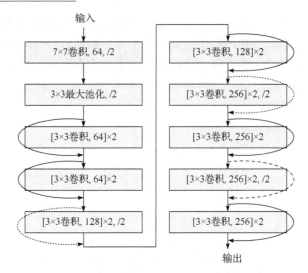

图 6-12　ResNet18 结构

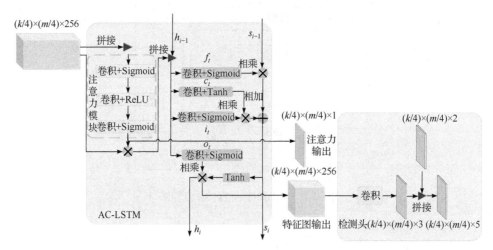

图 6-13　AC-LSTM 网络结构图

$$
\begin{cases}
a_t = \sigma\big(W_a * [x, h_{t-1}]\big) \\
i_t = \sigma\big(W_i * [a_t \circ x, h_{t-1}] + b_i\big) \\
f_t = \sigma\big(W_f * [a_t \circ x, h_{t-1}] + b_f\big) \\
o_t = \sigma\big(W_o * [a_t \circ x, h_{t-1}] + b_o\big) \\
c_t = \tau\big(W_c * [a_t \circ x, h_{t-1}] + b_c\big) \\
s_t = \big(f_t \circ s_{t-1}\big) + \big(i_t \circ c_t\big) \\
h_t = o_t \odot \tau\big(s_t\big)
\end{cases}
\tag{6-1}
$$

式中，$*$ 表示卷积操作；$\circ$ 表示单个特征图与多通道特征图相乘；$\odot$ 表示张量点乘；σ 和 τ 分别表示 Sigmoid 激活函数和 Tanh 激活函数。单个 AC-LSTM 的输入为第 t 帧的检测网络特征图和上一时刻 AC-LSTM 的隐含层 h_{t-1} 和 s_{t-1}。对于时间 t，a_t、h_t、i_t、f_t、o_t、c_t 和 s_t 分别是注意力输出图、隐含状态、输入门、遗忘门、输出门、LSTM 传入信息和记忆单元。检测网络的特征图输入 AC-LSTM 后与上一帧的隐含层 h_{t-1} 拼接构成新的张量，随后进入空间注意力模块。空间注意力模块输出单通道的注意力特征图用以增强网络对目标区域的注意。不同于传统 LSTM，AC-LSTM 中参数的计算采用卷积的形式，其中所有卷积核大小均相同，以保证 s_t、f_t、i_t、c_t、h_t 等各个门控特征图通道数相同。

AC-LSTM 的输出张量尺寸为 $((k/4)\times(m/4)\times256)$，随后该特征图被送入检测头，完成对空间目标的检测。在检测头中通过一个卷积核大小为 1×1 的卷积后，特征图通道数变为 3。其中每一个特征图网格预测目标的中心坐标 (x,y) 和置信度，在输出单元处拼接成 $((k/4)\times(m/4)\times2)$ 的张量，记录默认重点区域预测的锚框值，用于后续非极大值抑制。

3. 位置预测模块

位置预测模块依次包括特征融合模块、空间注意力模块和航迹管理模块三部分。其中空间注意力模块根据融合特征中不同层次对位置预测的重要性进行特征权重重分配。空间注意力模块采用多尺度注意力计算模块，旨在通过计算注意力图使生成器和鉴别器聚焦于典型特征区域，空间注意力模块网络结构如图 6-14 所示，其中空间注意力模块的输入数据为源图像卷积层特征。由于源图像所包含的对象往往具有不规则性，单一尺度通常不能充分提取空间特征信息，因此可通过不同尺度的池化操作计算多尺度特征。针对不同尺度特征考虑特征的重要性，使网络能够聚焦于重要特征而忽略冗余特征，即网络通过特征的全局信息计算不同特征的权重，重新标定输入特征，具体计算过程为多尺度注意力模块通过训练获得在 s 池化尺度下的第 k 个特征 $\boldsymbol{f}_s^k$ 的权重 $\boldsymbol{W}_s^k$，其公式如下：

$$\boldsymbol{W}_s^k = \sigma\left(w_1\sum_{i,j}\boldsymbol{f}_s^k(i,j)\right) \tag{6-2}$$

式中，$\sum\limits_{i,j}\boldsymbol{f}_s^k(i,j)$ 为特征全局信息计算；$\sigma(\cdot)$ 为 Sigmoid 激活函数；w_1 为函数系数；$\boldsymbol{W}_s^k$ 为特征权重。

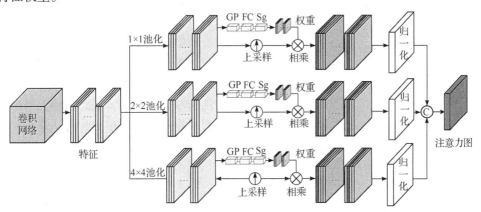

图 6-14　空间注意力模块网络结构

在此基础上将重新标定的特征按照通道方向求和，其计算公式为

$$F_{\text{sum}} = \sum_1^k W_s^k H_{\text{up}}\left(f_s^k\right) \qquad (6\text{-}3)$$

式中，F_{sum} 为重新标定的特征在通道方向上的和；H_{up} 为针对不同尺度特征的上采样结果。在此基础上对每个尺度的 F_{sum} 做归一化操作，得到不同尺度的注意力图 F_s。为了获得最终的注意力图，将不同尺度的注意力图 F_s 在通道方向连接，并沿着通道方向取各个像素位置的最大值，这是因为在注意力图中，像素值能反映该位置特征的重要性。

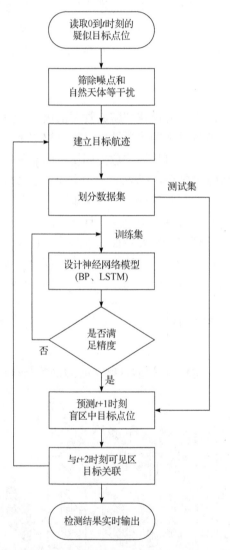

图 6-15　基于神经网络模型的盲区中目标点位推断流程

6.2.3　天基空间目标局部盲区位置智能递判

随着观测场景变得日益复杂，探测设备在获取目标的坐标位置时将会受到噪点、自然天体等不确定因素的干扰，会发生目标出现在该环带盲区的现象，这不仅对目标的实时检测造成了很大的挑战与困难，也对数据处理系统的实时性和精确性提出了更高的要求。6.2.2 小节中涉及的天基空间目标运动航迹智能预测要求目标区域信息完整，针对盲区存在的情形仅依靠空间目标运动航迹智能预测是无法有效获取目标的位置信息，而本小节中天基空间目标局部盲区位置智能递推判断(简称递判)可及时跟踪目标的实时位置，具有重要的工程背景和实际应用意义。

本小节基于神经网络机器学习方法，建立空间目标局部盲区位置智能递判方法。其主要思想：根据目标的历史航迹数据，设计并训练神经网络模型(反向传播(BP)算法、LSTM 模型)，实现对目标运动非线性曲线的有效拟合，提升航迹预测可靠性，在此基础上递推判断目标在局部盲区中的位置。基于神经网络模型的盲区中目标点位推断流程和示意图分别如图 6-15 和图 6-16 所示。

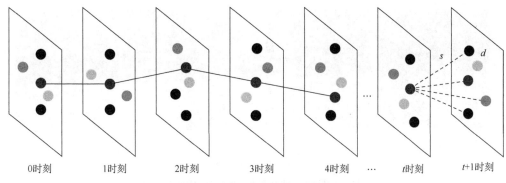

视频

图 6-16　基于神经网络模型的盲区中目标点位推断示意图

6.3　天基空间目标智能探测仿真验证

本节针对 6.1 节和 6.2 节涉及的天基空间目标智能识别和天基空间目标智能航迹估计方法进行仿真验证，包括天基空间目标样本生成、天基空间目标智能识别、天基空间目标智能航迹估计。结果表明，天基空间目标样本生成模拟软件可通过导入低、中、高轨典型目标构型及其轨道根数，模拟不同的运动状态、拍摄距离、星体表面材质、探测器相关参数等，生成多种光场条件的数据。天基空间目标智能识别能够有效应对相似目标干扰、复杂地球背景和多任务、多目标跨尺度动态变化下的天基空间目标智能识别，具有识别适应性强、鲁棒性高的优点。天基空间目标智能航迹估计能够应对空间目标局部盲区位置智能递判。

6.3.1　天基空间目标样本生成

采用增量式对抗样本循环策略，通过对天基空间目标光学特性进行建模分析，生成受光场环境影响显著的对抗样本。基于空间光场环境模型，相关科研院所研制的空间光照特性模拟软件和生成的对抗样本如图 6-17 所示。

(a) 空间光照特性模拟软件

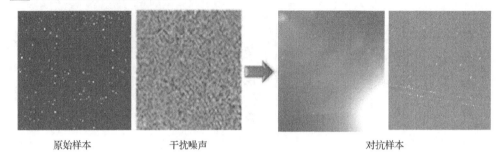

原始样本   干扰噪声   对抗样本

(b) 软件生成的对抗样本

图 6-17 空间光照特性模拟软件和生成的对抗样本

6.3.2 天基空间目标智能识别

在当前帧处于阴影、过曝光、遮挡等条件下，通过提取移动光流特征还原部分帧中所出现的特征缺失，利用前序帧和预测帧的上下文信息进行协同识别，对连续任务中出现的受光场环境短暂影响而导致的目标识别困难具有重要意义。图 6-18 展示了天基空间目标光学特征快速鲁棒提取；图 6-19 是基于视觉的天基空间目标智能识别框图；图 6-20 给出了变化场下天基空间目标智能识别的结果。

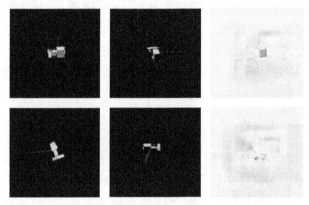

图 6-18 天基空间目标光学特征快速鲁棒提取

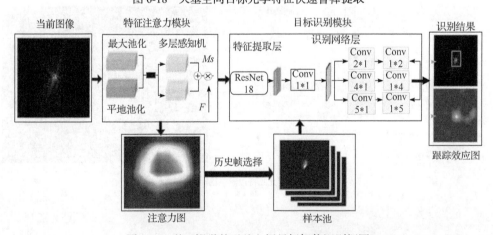

图 6-19 基于视觉的天基空间目标智能识别框图

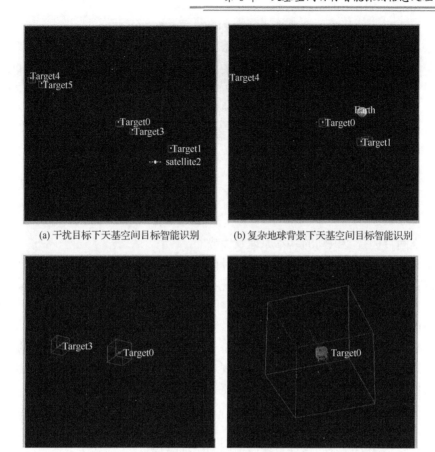

(a) 干扰目标下天基空间目标智能识别　　　(b) 复杂地球背景下天基空间目标智能识别

(c) 跨尺度多任务空间目标智能识别

图 6-20　变化场下天基空间目标智能识别

6.3.3　天基空间目标智能航迹估计结果

结合天基空间目标运动航迹管理结果，基于长短时记忆的循环神经网络模型的天基空间目标智能航迹估计过程，如图 6-21 所示，通过利用历史航迹数据辅助当前任务的学习，提升航迹预测的准确性，能够应对天基空间目标局部盲区位置智能递判。天基空间目标位置智能航迹跟踪估计结果如图 6-22 所示，图中的方框代表了星点连续预测位置。

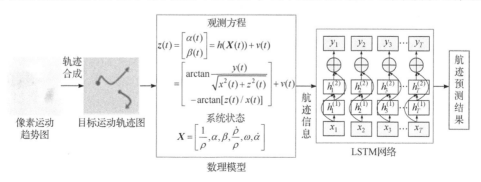

图 6-21　天基空间目标智能航迹估计过程

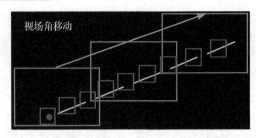

图 6-22   天基空间目标位置智能航迹跟踪估计结果

习   题

6.1　天基空间目标智能识别的基本原理及优势？

6.2　利用深度学习实现智能化的天基空间目标识别具有重要的研究意义，简要阐述天基空间目标智能识别面临的难题主要体现在哪些方面。

6.3　人工智能方法主要依赖于数据，考虑空间任务场景的特殊性，如何获取天基空间目标智能识别样本数据？

6.4　天基空间目标光学特征快速鲁棒提取是天基空间目标智能识别算法设计的关键，通过合理设计特征快速提取网络，可实现对天基空间目标光学特征的快速准确识别。结合空间任务简要阐述具体设计的思路。

6.5　光流的定义是什么？结合光流的特点，设计基于光流场的天基空间目标运动特征辨识方法，并阐述具体实现过程。

6.6　简要文字描述天基空间目标自适应识别的实现流程。

6.7　天基空间目标运动航迹管理的基本原理是什么？简要阐述天基空间目标运动航迹管理算法的实现流程。

6.8　如何设计基于深度学习的天基空间目标运动航迹的智能预测系统，并简要描述该系统的组成架构及各模块之间的关联关系。

6.9　长短时记忆网络的基本原理是什么？简要阐述基于注意力卷积长短时记忆网络(AC-LSTM)的结构组成及功能实现。

6.10　如何基于神经网络机器学习算法建立天基空间目标局部盲区位置智能递判方法？简要描述主要设计思想和具体实现流程。

第 7 章

未来航天智能探测

7.1　未来航天智能探测的发展

航天探测领域面临着前所未有的机遇与挑战，航天智能探测技术正逐渐成为推动人类太空探索和利用的重要力量。然而，该领域的发展并非一帆风顺，而是充满了各种挑战与局限性。

航天智能探测技术在追求高度自主化与智能化的过程中，面临诸多挑战。人工智能技术的完善度不够，同时受到硬件设施与传感技术的制约，加之研发过程中的成本与资源约束，以及对数据安全和隐私保护的需求，这些都是当前航天智能探测技术发展所面临的主要挑战。这些挑战不仅影响了航天智能探测技术的研发和应用，也对其未来发展提出了更高的要求。

当前航天智能探测技术在某些方面存在局限性。数据传输和处理、设备自主维护与故障诊断、多任务集成与协同探测等方面都面临着一定的挑战，这些方面限制了航天智能探测技术的进一步发展和应用。

然而，尽管面临诸多挑战和局限性，未来航天智能探测的发展方向依然充满希望。随着大数据、云计算、人工智能等技术的不断发展，航天智能探测技术将实现海量智能探测数据的快速处理与实时响应。

7.1.1　航天智能探测的挑战

近年来，中国航天大会发布的宇航领域科学问题和技术难题如图 7-1 所示，其中多个问题均涉及航天智能探测领域。航天智能探测是实现太空探索的关键途径，其涵盖了地基探测和天基探测两大领域。地基探测主要指通过地面设备对太空目标进行观测和分析，如望远镜、遥感设备等；天基探测通过卫星、空间站等太空平台对地球和其他天体进行观测。二者在高度自主化与智能化实现、微型化和轻量化技术的突破、多任务集成与协同探测的复杂性、高精度和高分辨率探测技术、大范围探测与可靠性保障、星载多源数据实时融合处理系统技术等诸多领域均面临挑战。

2024年
地外资源利用的重力场效应问题
地外天体介观尺度动力学问题
空间带电粒子操控机理与方法
面向载人深空探测的火星二氧化碳原位利用技术
冰巨星探测任务设计与关键技术
月基平方公里射电天文天线阵列建造技术
太空计算中心构建及运行技术
小天体探测与开发的智能柔性附着技术
航天遥感大模型的产业化应用技术
重复使用火箭复用快速评估验证技术

2023年
极低轨道多源动力学耦合效应和演化机理
长期地外生存中的药物干预机理
地外天体表面电站用超小型反应堆能源技术
轨道工厂构建及运行技术
空间站脑网络长期在轨实时监测及调控技术
重复使用运载器动力系统健康监测及寿命评估技术
2500摄氏度以上超高温环境下的热承载材料技术
计算光学高维遥感突破航天光学遥感探测极限
基于核动力的载人火星快速往返技术
基于深度学习的航天器在轨飞行遥测数据挖掘分析技术

2022年
宇宙物理动力学效应及"动力获取"问题
太阳系外宜居行星与生命标记及其搜寻、证认方法
航班化航天运输系统关键技术
近地小行星快速监测预警及防御技术
面向地外生存的人工光合成材料制备及应用
远距离大功率无线能量传输技术
利用月壤资源实现月面原位建造
跨域飞行器的强适应控制技术
基于天地学习泛化的空间星群智能自主协同作业技术
地球高空大气流场演变规律的高精度预测技术

图 7-1　宇航领域科学问题和技术难题
图中浅色字为与航天智能探测密切相关的科学与技术问题

1. 高度自主化与智能化实现

在地基探测方面，挑战主要体现在三个方面：首先是数据传输与处理的问题，地基探测设备必须实时接收并处理大量的观测数据，如光学探测和遥感数据。如何提升数据传输的速率、减少数据丢失，并利用人工智能算法高效处理数据，成为亟待解决的问题。其次是设备的自主维护与故障诊断，由于地基探测设备多位于偏远地区，人工维护困难，因此急需高度自主化与智能化的技术支持。最后是多设备协同观测的挑战，如何实现多设备的协同控制与优化调度，以提高观测精度，也是一大难题。

在天基探测方面，挑战同样不容忽视：首先是自主轨道控制的实现，天基探测平台

需具备在复杂多变的太空环境中进行精确、安全的轨道控制的能力。其次是自主任务规划与调度，天基探测平台在执行任务时，需根据任务需求和资源状况进行自主规划，这要求平台具备高度智能化的任务规划与调度能力。再次是星载设备的自主维护与故障诊断，这对长时间在太空环境中运行的设备提出了更高的要求。最后是星地协同的挑战，为实现高效的天基探测，需要实现地面设备与天基探测平台的紧密协同，这就要求双方具备高度智能化的协同控制与优化调度能力。

鉴于上述挑战，迫切需要持续推进技术创新，特别是在人工智能、自主控制、协同优化等领域的发展，以实现航天智能探测的全面自主化与智能化。

2. 微型化和轻量化技术的突破

对于地基探测来说，微型化和轻量化技术的挑战主要体现在以下几个方面：①设备性能与尺寸的平衡。地基探测设备需要在保证高性能的同时，尽可能减小体积和重量。这对于设计者来说是一个巨大的挑战，这是因为很多高性能的探测设备往往体积庞大，重量沉重。②环境适应性。地基探测设备需要适应各种复杂的地面环境，如高山、极地等，微型化和轻量化设备在这些环境下的稳定性和可靠性成为一个重要问题。③能源供给。微型化和轻量化技术往往意味着减少能源供给，如何保证设备在有限的能源供给下长时间稳定运行，是急需解决的问题。

对于天基探测来说，由于飞行速度、续航时间、动力系统等方面的特殊设计要求，天基探测设备的负载能力往往很有限，导致平台可携带载荷的质量、体积和能耗水平均受到大幅限制。光电探测装置等载荷的组成一般比较复杂，集成了光学系统、机械结构和电气设备等，这进一步提高了兼顾平台负载能力和光电探测装置体量的技术难度。因此，针对上述问题，需持续关注并研究光电探测装置的微型化和轻量化技术。

探测过程中使用的光学系统通常采用传统的微型化和轻量化方法，如简化镜组结构、优化镜片材料和表面形状等。然而，这些方法受到像差的限制，不仅在质量和体积方面难以大规模优化，还可能延长设计与优化周期，增加系统不稳定因素。基于计算成像理论的设计思想，通过建立统一的光学链路模型，紧密结合光学系统与图像处理，利用图像复原等技术降低校正像差造成的硬件成本，同时在保证成像质量的前提下简化光学系统结构。

近年来，计算成像光学理论和技术的进展显示出在光电系统轻量化方面具有广泛的应用前景。然而，实际设计中仍然面临描述光场的函数变量高度耦合的问题，这导致模型复杂、系统优化速度缓慢，以及性能指标评估不全面。这些因素限制了成像的实时性和系统的集成度。未来需要解决这些共性问题，深入探索和明确光场模型的基础理论，以建立和完善计算成像技术研究体系。

3. 多任务集成与协同探测的复杂性

地基探测和天基探测在多任务集成与协同探测中的复杂性体现在多个方面，包括数据处理、通信控制、任务调度、环境适应、系统集成和安全性等。这些挑战需要多学科的合作和创新技术的应用来解决。多任务集成与协同探测的复杂性主要体现在以下几个方面：

(1) 数据融合与处理。地基探测和天基探测产生的数据类型和格式各不相同，地基探测可能产生光学、雷达数据，而天基探测可能产生遥感、通信数据。如何将这些异构数据进行有效融合是一个重大挑战。天基探测产生的数据量通常巨大，特别是高分辨率遥感数据。实时处理和分析这些数据以提供及时的决策支持，需要高效的数据处理算法和强大的计算能力。

(2) 协同控制与通信。地基探测系统和天基探测系统之间的通信存在时延和带宽限制，特别是在深空探测中，信号往返时间长，通信带宽有限。这对实时数据传输和协同控制提出了巨大挑战。在空间环境中，通信链路容易受到空间环境的影响，如太阳风、辐射等。需要建立可靠的通信协议和容错机制，确保数据和控制指令的准确传递。

(3) 任务调度与资源管理。不同探测任务之间可能存在优先级、时间窗口等方面的冲突，需要有效的调度算法来协调各项任务，最大化探测资源的利用率。地基探测系统和天基探测系统的资源(如计算资源、存储资源、通信资源)有限，如何在多个任务之间进行资源分配和共享，是一个复杂的优化问题。

(4) 环境适应性与智能化。航天探测环境复杂多变，可能受到空间天气、目标运动等因素的影响。探测系统需要具备高水平的环境感知和自适应能力。多任务集成与协同探测要求系统具备一定的智能化水平，能够自动进行目标识别、任务规划和决策。机器学习和人工智能技术的应用是一个重要的发展方向，但也面临着数据标注、模型训练等方面的挑战。

(5) 系统集成与验证。地基探测系统和天基探测系统本身结构复杂，涉及多种硬件和软件组件。多任务集成与协同探测要求这些系统能够无缝集成，并且能够协同工作，对系统设计和集成提出了很高的要求。在地面条件下完全模拟和验证整个系统的运行情况非常困难。需要建立有效的仿真和测试平台，确保系统在实际运行中的可靠性和稳定性。

(6) 安全性与隐私保护。探测数据和通信链路的安全性是一个重要问题，需要防止数据泄露和恶意攻击。特别是在军事和商业航天领域，探测任务的隐私保护也是一个重要考虑因素，需要建立有效的隐私保护机制。

4. 高精度和高分辨率探测技术

为实现高精度和高分辨率的探测技术，需要解决以下挑战：

(1) 光学系统的限制。地基光学望远镜的观测精度和分辨率受到大气湍流的严重影响，这导致图像质量下降。尽管自适应光学技术可以部分补偿这种影响，但其仍面临技术和成本上的巨大挑战。地面环境中的光污染会严重影响观测质量，特别是在城市或人口密集地区。为此，通常需要选择远离光污染的偏远地区建立观测站，但这会显著增加建设和维护成本。高精度和高分辨率的天基光学系统需要极高的光学设计和制造精度。制造大口径、高质量的光学镜面并在发射和运行过程中保持其精度，是一项重大技术难题。由于火箭发射能力的限制，天基光学系统的重量和体积受到严格限制，必须在保证高分辨率的前提下，设计出轻量化和紧凑的光学系统。

(2) 数据处理和传输。高分辨率图像和高精度数据的处理需要强大的计算能力，实时处理这些数据对于进行及时的科学发现和响应至关重要。由于高分辨率探测生成的数据量巨大，需要有效的数据存储和传输解决方案，以便于后续分析和共享。天基探测器的数据传输带宽有限，特别是在深空探测任务中，将大量高分辨率数据传回地面是一个重大挑战，因此需要优化数据压缩和传输技术以应对这一难题。由于传输延迟和带宽限制，实时数据处理和传输成为天基探测的一大难题，为此需要发展边缘计算和自主数据处理技术，使得部分数据处理在卫星上自主完成，从而减轻地面数据处理压力。

(3) 稳定性和指向精度。高精度观测需要极高的机械稳定性，任何微小的振动或位移都会影响观测精度，特别是在长时间曝光或跟踪快速运动目标时，保持稳定性是一个重大挑战。地基望远镜需要具备高精度的指向和跟踪能力，以确保能够准确地观测目标，高精度伺服控制系统的开发和维护是实现这一目标的关键。天基探测器在轨道上的姿态控制需要极高的精度，以确保观测设备能够准确指向目标，其搭载的姿态控制系统需要应对微重力环境和外部扰动(如太阳辐射压力)的影响，并且在极端温度环境下工作时，热形变可能会影响光学系统的精度，有效的热控系统设计和材料选择至关重要。

5. 大范围探测与可靠性保障

目前的广域高分辨率探测技术主要分为两大类别：一类是基于固定视角的光学系统，利用多孔径或多尺度的成像技术结合图像拼接实现；另一类是采用面阵探测器或线性探测器进行扫描式成像探测。在第一类技术中，目前主要包括单一尺度的多孔径成像系统和具有同心多尺度特性的成像系统。第二类技术由于其简洁的光学结构和灵活的扫描探测方向，在航天和航空遥感领域得到了广泛应用。虽然多孔径或多尺度成像系统能够同时提供广阔的视场和高精度的分辨率，但通常需要多个探测器或复杂的光学系统，这不仅增加了系统体积，也降低了集成度。此外，多镜头或多传感器之间的不一致性会增加图像数据处理的复杂性。在扫描成像探测技术中，仍然存在曝光控制、噪声抑制、非均匀性校正和指向精度维持等技术问题，增加了系统设计和应用的复杂性。

在可靠性保障方面，光电探测设备在应用中常面临直接暴露于外部环境的挑战，难以实现高安全级别的保护。在太空环境中，温度剧烈变化、稀薄的大气、太阳辐射引起的温升和光化学效应，显著改变光学系统特性，降低成像质量，还可能导致材料氧化、脆化、老化，以及机械结构变形或卡滞，严重影响光电探测设备的性能和系统稳定性。航天探测设备的适应性设计需考虑光学系统、材料和结构设计等多个方面。环境变化对设备的主要影响包括光学元件折射率的变化、关键尺寸，如元件间距、厚度和曲率半径的变化等。可通过选用具有不同膨胀系数的材料设计元件，采用形状记忆合金、液压机构等，并结合元件的轴向位置调整和图像恢复算法等硬件或软件的补偿措施，以减轻或消除这些影响。

6. 星载多源数据实时融合处理系统技术

多源数据的集成技术是增强信息获取的精确度和鲁棒性的关键技术。该技术涉及综合分析不同时间节点、观测角度、光谱范围和操作模式下，由单一或多个卫星平台上的星载遥感传感器捕获的数据集。这种融合过程促进了信息资源的互补性，有助于缓解数据间的潜在矛盾和不确定性问题，进而实现对单一数据源所无法比拟的高精度和高可信度的遥感信息提取。

传统卫星多源数据的融合通常采用离线数据融合方式，由卫星载荷采集数据下传，地面融合中心对不同来源信息进行数据融合，获取同一场景目标更为可靠、全面、准确的综合信息。然而，这种离线数据融合方法时效性很差，无法满足高时效的战场环境态势研判、任务决策与卫星在轨自主响应需求。卫星在轨多源数据实时融合处理能力的实现依赖于信号处理算法与硬件算力的紧密结合。卫星常用的数字信号处理器主要有中央处理器(CPU)、DSP、FPGA、SoC 等，为了支持大数据量、复杂运算的智能化实时数据实时融合处理算法，须发展支持机器学习语言的高性能抗辐射数字信号处理系统，大幅提升星载信号处理系统的硬件算力。多源数据实时融合领域的应用实践表明，以深度卷积神经网络为代表的人工智能信号处理算法能够有效提升多源数据实时融合处理能力，成为卫星在轨实时数据融合处理算法的重要发展方向。然而，为了适应卫星数据处理系统的计算能力，仍需不断发展新的高效简化神经网络算法模型，提升数据处理性能与计算效率，大幅降低计算量。

天基光学空间目标监测系统采用基于视觉的技术手段获取空间目标和碎片图像，可以实现对空间碎片的实时检测与跟踪。这些光学系统通常为可见光或红外等光学系统，红外探测适用于近距离或者运行在地影区的空间目标，可见光主要用于远距离目标探测。但是空间环境复杂，存在较多噪声，且远距离空间目标成像呈点状分布，与噪声、空间背景干扰信号有较高的相似度，会淹没在噪声中，给目标检测带来较大困难。开发基于多传感器融合的主被动监视与预警技术，获取更丰富的目标信息，通过多传感器的多维信息融合增强目标识别检测能力，降低目标误检率，实现对重要空间目标(包括暗弱、隐身、伪装目标)等的全天时监测、跟踪、告警，确定可能对航天系统构成威胁的空间目标的位置、尺寸形状、载荷配置、轨道参数等重要特性，是未来空间探测面临的挑战。人工智能技术的快速发展，使得集成多源遥感图像的语义分割技术成为优化单一数据源分割性能的关键途径。该技术通过综合分析来自不同传感器的图像数据，实现了对特征更为精确地识别与分类，图 7-2 展示了多源遥感图像语义分割处理的框架结构。

7.1.2 当前航天智能探测技术的局限性

航天智能探测技术当前的发展仍受制于数项关键因素：首先，人工智能领域的技术尚未完全成熟，需要进一步的完善和优化。其次，硬件设备和传感器技术的性能尚未达到航天探测任务所需的高标准，限制了技术的应用范围。再次，研发过程中所需的成本和资源投入巨大，这在一定程度上制约了技术的快速发展。最后，随着探测数据量的增加，确保数据的安全性和保护用户隐私也成为技术发展中不可忽视的挑战。

1. 人工智能技术的成熟度不足

当前的人工智能算法在航天智能探测领域存在明显的局限性，主要表现在以下几个方面：

(1) 算法的鲁棒性和适应性不足。尽管当前的人工智能算法在许多领域取得了显著进展，但在处理复杂、动态、多变的太空环境时，其鲁棒性和适应性仍然存在显著不足。航

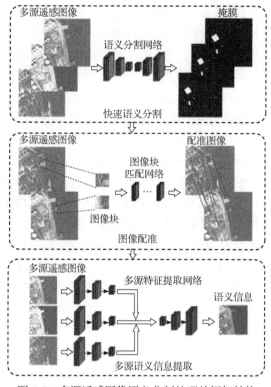

图 7-2　多源遥感图像语义分割处理的框架结构

天探测任务的多样性和环境的不确定性对算法的泛化能力提出了更高的要求。例如，卷积神经网络(CNN)在图像识别方面表现优异，但在面对太空中的极端环境和不规则数据时，可能会出现识别错误。再如，强化学习算法在机器人控制中展现出潜力，但在航天探测器的自主导航中，面对复杂的障碍物和未知地形，其表现仍不尽如人意。现有算法在应对这些挑战时，往往表现出较低的稳定性和可靠性。

(2) 训练数据匮乏。航天探测任务的数据获取成本高昂，数据量相对有限，且标注过程复杂而困难，导致可用于训练的高质量数据不足。数据短缺直接影响深度学习等先进算法的训练效果和应用广度，限制其在实际探测任务中的表现。例如，自动驾驶技术依赖大量的高质量标注数据进行训练，而在太空环境中，获取类似数量和质量的数据几乎是不可能的，这导致了模型在实际应用中难以达到预期的效果。

(3) 实时处理能力。在航天探测中，实时数据处理和决策至关重要，但由于卫星和探测器上的计算资源有限，难以支持复杂的人工智能模型进行实时计算。这种计算资源的局限性，导致了在高性能计算环境下才能发挥最大效用的算法难以在实际任务中得到充分应用。例如，深度强化学习算法需要大量的计算资源进行策略优化和决策，在地面高性能计算机上运行效果良好，但在资源有限的太空探测器上，则难以实现同样的性能，并且由于太空与地面之间的通信延迟和带宽限制，进一步增加了实时数据处理和反馈的难度。太空探测器传回地面的数据需要经过长距离的传输，这不仅增加了延迟，还受到带宽的限制，使得地面实时处理和反馈变得极为困难。例如，火星探测器与地球之间的通信延迟约为 20 分钟，这意味着任何实时决策都需要至少 20 分钟的等待时间。这种通信限制严重影响了人工智能算法在航天探测任务中的实时应用，降低了整体探测效率和准确性。

(4) 数据安全和隐私保护。在航天探测任务中，传输的数据通常涉及国家安全和敏感信息，如何在保证数据安全的前提下进行有效的处理和分析，成为一项重要挑战。例如，联邦学习技术可以在保证数据隐私的情况下进行分布式训练，但在航天探测中，数据传输的高延迟和高风险，使得联邦学习技术的应用面临巨大挑战。

综合而言，当前人工智能算法在航天探测领域的应用仍面临诸多挑战，需要克服这些挑战以确保算法在展现更高鲁棒性、有效性和实时性方面取得进展。为实现此目标，需采取一系列措施，包括但不限于持续优化现有算法、扩充高质量训练数据集、增强计算资源并提升通信技术水平。具体而言，开发轻量且高效的算法是关键，如通过量化神经网络和剪枝技术，在计算资源受限的情况下实现更高效的推理和决策。此外，应用数据增强和合成数据技术，丰富训练数据多样性，以增强模型泛化能力和鲁棒性。同时，采用先进的加密技术和分布式计算框架，在确保数据安全和隐私的前提下，显著提升数据处理和分析效率。只有攻克这些技术难题，人工智能技术才能在航天探测领域充分发挥潜力，推动技术进步和应用发展。

2. 硬件设备和传感器技术的限制

当前航天智能探测技术的进步在很大程度上受到了硬件设备和传感器技术的限制。具体来说，硬件设备的计算能力和存储容量直接影响了数据处理的效率和复杂度。同时，传感器的性能，包括其精度、灵敏度、稳定性和抗干扰能力，决定了探测数据的质量和可靠性，这些因素共同构成了航天探测系统的基础，对整个系统的性能和应用范围产生了决定性的影响。

(1) 太空环境的极端条件对硬件设备的耐久性提出了严峻挑战。高温、低温、强辐射等因素都可能对设备造成不可逆的损害。例如，电子器件在太空辐射下可能会出现单粒子翻转或永久性损伤，这对设备的稳定性和可靠性构成了重大威胁。尽管近年来在抗辐射材料和器件的开发上有所进展，但目前的技术水平仍不足以完全应对这些挑战。许多探测器在长时间的太空任务中出现故障，导致任务中断或数据丢失，这表明现有的硬件设备在长期任务中的稳定性和耐用性仍需进一步提升。

(2) 航天器的能源有限，硬件设备需要在低功耗的前提下保持高性能。这对硬件设计和优化提出了严格要求。传统的硬件设计方法难以在有限的能源条件下实现高效能。例如，卫星和探测器上的处理器通常采用低功耗架构，以延长设备的使用寿命。然而，这种低功耗设计往往会限制设备的处理能力，使其难以运行复杂的人工智能算法，从而影响探测任务的效率和精度。例如，NASA 的"旅行者"探测器由于能源限制，无法进行复杂的数据处理，只能传回简单的数据，这限制了其探测能力。

(3) 当前的传感器技术在分辨率和精度方面尚未达到某些高精度探测任务的要求。这限制了航天探测任务的探测能力和数据质量。例如，传统的成像设备难以捕捉到细小的表面特征，影响了对行星表面结构的研究。此外，现有的光谱仪在灵敏度和光谱覆盖范围上也存在不足，难以获取全面的光谱信息。例如，在行星资源勘探任务中，现有传感器的分辨率和灵敏度不足，难以准确识别和分析矿物资源。

(4) 多光谱和超光谱探测技术的局限。多光谱和超光谱探测技术的发展仍处于初期阶段，当前探测器的光谱覆盖范围和灵敏度有限，难以全面满足多样化的探测需求。例如，多光谱成像仪只能在有限的波长范围内捕捉图像，难以提供全面的光谱信息；超光谱成像仪虽然能够在更细的光谱间隔内捕捉图像，但其数据处理量巨大，计算资源有限，难以在航天器上实现实时处理。

未来需要在硬件设计、制造、能源管理和传感器技术等方面取得重大突破，以应对太空环境的严苛条件，提升探测能力和数据质量，从而推动航天智能探测技术的持续进步。

3. 研发成本和资源限制

在航天智能探测技术的研发过程中，成本与资源限制是一个核心挑战。以美国 NASA 的火星探测任务为例，此类任务通常需要数亿美元乃至数十亿美元的资金投入。这涵盖了研发先进的探测器、发射火箭，以及在火星表面的运营等多个环节。高昂的成本限制了大规模、频繁的探测任务的实施。例如，NASA 的"好奇号"火星车项目耗资约 26 亿美元，"毅力号"火星车项目耗资约 27 亿美元，这些高昂的成本使得类似规模的探测任务难以频繁进行。

此外，航天智能探测的经济效益和商业化路径尚不明确。航天智能探测任务往往以科学探索和技术验证为主，其直接的经济效益相对有限。投资回报周期较长，这使得企业和机构在资金投入上面临较高的风险。以 SpaceX 公司的星链计划为例，该计划旨在通过发射数万颗卫星建立全球宽带网络，但该项目自 2014 年提出，直至 2023 年底才首次实现盈利。

同时，航天智能探测领域需要跨学科的专业人才，包括航天工程、人工智能、数据科学等。目前，这些领域的复合型人才供给不足。例如，NASA 在招聘过程中发现，具备航天工程和人工智能背景的专业人才非常稀缺。这种人才短缺在一定程度上制约了航天智能探测技术的进一步发展。

在全球范围内，航天智能探测资源和技术发展呈现出不平衡的态势。发达国家和地区在资源和技术上占据优势，而发展中国家则面临更多的限制。例如，美国、俄罗斯、欧洲等国家和地区在航天智能探测领域拥有丰富的经验和先进的技术。相比之下，发展中国家，如印度、巴西等虽然在航天技术方面取得了一定的进步，但仍然存在技术和资源上的不足。这种不平衡的发展态势使得全球航天智能探测领域的竞争格局更加复杂，对航天智能探测技术的普及和应用产生了一定的影响。

4. 数据安全和隐私保护

在当代航天探测领域，网络安全风险是一个不容忽视的挑战。这些风险包括数据窃取、篡改和干扰等，它们可能严重威胁航天探测数据的完整性、准确性和安全性。为确保数据传输和存储的安全性，需要实施有效的安全措施，以防止敏感信息在传输过程中遭受未经授权的访问、截获和解码，这也是一个重大挑战。"好奇号"火星车在数据传输过程中采用了高级加密技术，以确保数据的安全性。同样，欧洲航天局的"火星快车"任务和"罗塞塔"任务等项目也采用了先进的数据加密技术，以保护探测数据的机密性和完整性。

然而，高级加密和解密过程对计算资源提出了更高的要求。以 NASA 的"新视野号"任务为例，在传输探测数据时采用了复杂的加密算法，这需要强大的计算能力来支持加密和解密过程。为应对这一挑战，NASA 采用了先进的计算技术，包括高性能计算机和并行计算技术，以提升加密和解密过程的效率。"墨子号"量子科学实验卫星在国际上首次实现量子安全时间传递的原理性实验验证，为未来构建安全的卫星导航系统奠定了基础。

航天探测数据的共享与合作对推动科学进步具有重要意义。通过数据共享，科研人员能够相互交流和合作，从而促进科学发现和技术创新。例如，欧洲航天局的伽利略卫星导航系统通过与欧洲各国和全球合作伙伴的数据共享，实现了全球范围内的导航和定位服务。此外，国际空间站(ISS)上的科研合作项目，如"科学实验室"，也通过数据共享和合作，推动了航天科学的发展。然而，在共享过程中保护数据隐私和敏感信息是一个亟待解决的重要问题。目前，数据隐私保护的法律法规在国际范围内尚不完善，不同国家和地区在数据保护上的标准和要求不一，这增加了数据管理的复杂性。例如，欧盟的《通用数据保护条例》(GDPR)对数据保护提出了严格的要求，美国则尚未制定类似的数据保护法规。这种差异使得在跨国数据共享和合作中，如何平衡数据隐私保护和科学合作成为一个挑战。

综上所述，航天探测系统在网络安全、数据传输和存储、数据共享和合作等方面面临诸多挑战。为应对这些挑战，需采取有效的安全措施，如高级加密技术、高性能计算技术等，以保护数据的机密性和完整性。同时，加强国际合作和法律法规的制定，以平衡数据隐私保护和科学合作的需求，是实现航天探测领域可持续发展的关键。

7.1.3 潜在的智能探测方法与发展方向

1. 基于人工智能技术的智能探测技术

在面对未来智能探测的关键目标时，可以充分利用人工智能技术，以实现对驻留空间物体的精确跟踪和详细表征、对卫星健康状况的实时监测和有效通信、对传感和导航信息的高效处理，以及对数据可视化的直观展示。这些技术在处理海量空间监测目标数据方面具有显著优势，能够进行深入的数据挖掘，以及对大规模监测数据进行高速、并行、近实时的处理，以实现以下目标。

(1) 实现海量智能探测数据的快速处理与实时响应。对来自各种传感器和监测系统的海量数据进行快速分析和处理，实现对空间事件的实时响应。通过深度学习算法，如基于卷积神经网络(CNN)和循环神经网络(RNN)的算法，对空间物体的图像和信号进行分析，以实现更精确的物体识别和行为预测。同时，利用强化学习算法，如深度强化学习(DRL)和深度确定性策略梯度(DDPG)等算法，训练智能探测系统在复杂环境中进行自主决策和优化任务执行。

(2) 确保高价值空间目标的可靠智能探测。通过对空间物体进行精确跟踪和表征，同时保护智能探测网络免受潜在威胁，确保信息管理的智能化和自动化。可应用图神经网络(GNN)对空间物体的网络关系进行建模，提高对空间物体间相互作用和依赖关系的理解。此外，生成对抗网络(GAN)可用于生成逼真的空间物体图像和信号，增强数据集并提高探测系统的泛化能力。

(3) 执行太空资产监视。通过持续的空间环境监视，对卫星健康状况进行监测，并有效管理频谱资源，以保障太空资产的安全和稳定运行。联邦学习算法允许多个智能探测系统协同工作，共享模型更新，以提高整体探测性能，同时保护数据隐私。迁移学习算法则可将已在其他领域训练好的模型应用到空间探测任务中，加速模型训练过程并提高探测效率。

(4) 提供感知可视化。将复杂的空间数据转化为直观的可视化信息，帮助决策者和研究人员更好地理解和分析空间环境，从而做出更准确的判断和决策。结合边缘计算技术，将数据处理和分析任务分配到靠近数据源的边缘设备上，以减少延迟并提高响应速度。量子计算算法，如量子机器学习，也在探索中，以处理和分析大规模空间数据集。

(5) 提供智能决策支持。借助自然语言处理(NLP)技术，如 BERT 和 GPT 等，对空间探测任务中的文本数据进行分析和理解，为航天智能探测提供智能决策支持，涵盖路径规划、任务调度、资源分配等方面，以提升探测任务的效率和成功率。

(6) 实现海量智能探测数据的便捷管理与灵活计算。为智能探测数据提供灵活的存储和计算解决方案，使得数据管理更加便捷，计算资源更加灵活。利用区块链技术确保智能探测数据的安全性和不可篡改性，为数据共享和交易提供可靠的记录。

2. 多源感知数据融合的智能探测技术

(1) 基于人工智能的自适应数据融合技术。空间环境的复杂性、动态性和不确定性持续增加，给智能探测提出了新要求。为适应这些新要求，需要在智能探测信息获取、处理和输出等过程融入人工智能技术。人工智能技术能够提高智能探测信息获取、信息分类与处理、信息呈现的质量，可为提升智能探测系统认知精度和深度提供重要支撑。

为增强人工智能技术在智能探测领域的应用效果，建议强化知识-数据混合驱动的应用理念，突出人机交互深度学习的应用模式，发展自适应的数据融合算法，建设空间安全环境模拟仿真的应用条件，有效减少人为介入，提升感知系统的整体性能。

(2) 多传感器在轨实时数据融合技术。多传感器数据融合须对大量数据进行融合处理，采用的数据融合算法较为复杂，常规星载信息处理系统无法实现在轨即时处理，通常要传输到地面信息处理中心，由地面计算机进行详细计算，过程复杂，不具备实时监测目标并按不同需求进行信息分发的能力。随着空间对抗活动的加剧，用户对智能探测数据的时效性提出了更高要求，这就要求多传感器数据融合必须实现在轨即时处理，及时输出完整的空间探测信息。

空间抗辐射微电子技术的飞速发展极大地提升了微处理器的性能及在空间环境中使用的可靠性，使得多传感器高速在线融合成为可能。随着机器深度学习技术的逐渐成熟，卫星智能信息处理系统将会采用多核图形处理单元(GPU)、CPU、FPGA 等高性能计算平台，在云计算、大数据挖掘等先进数据处理技术的支持下，可以实现卫星多传感器数据融合实时在线处理。当前高性能计算平台的快速发展为在轨实时数据融合提供了必要的硬件支持，未来仍需不断发展与优化算法，提高计算速度与在轨融合能力，从而真正实现空间环境信息实时共享与利用，保证空间探测信息的时效性与准确性。

(3) 天基网络化综合信息融合技术。当今各类卫星空间探测平台基本处于相互独立状态，不同卫星平台之间的探测信息互联互通性差，缺乏探测信息在不同卫星平台之间数据共享与融合机制，难以实现全空域、全时域空间环境的信息感知。未来的智能探测系统将会朝着空间多平台网络化数据共享与融合方向发展，充分利用高、中、低轨的卫星星座和微纳型专用智能探测卫星星座优势，使部署在不同轨道高度、具有不同感知功能的智能探测系统，能够实时获取相关网络节点的信息数据并进行融合处理，形成全空域、全时域、全要素太空环境智能探测能力。

3. 远距离高分辨率的智能探测技术

远距离高分辨率空间目标三维成像技术的发展，对于推动航天智能探测领域的前沿研究具有重要意义。在重要的探测场合，如深空探测、卫星监测、地面目标识别等，对激光成像系统提出了远距离(几百千米以上)和高分辨率(厘米级)的成像能力要求。面对国家空间探测战略需求，迫切需要发展适应复杂空间环境的远距离三维成像技术。

为了实现这一技术目标，需要重点发展基于大面阵单光子雪崩光电二极管(SPAD)非扫描激光雷达、相干合成(逆合成)孔径激光雷达等三维成像技术。这些技术利用先进的探测器和大面积的光学系统，能够有效地提高成像系统的灵敏度和分辨率。同时，通过相干合成技术，可以进一步提高成像系统的空间分辨率，实现远距离空间目标的精准成像。

此外，还需要研制具备小型化、低功耗特点的高分辨率、远距离、高速激光雷达系统，并将其应用于卫星平台。这些系统能够在太阳背景、地影区等复杂光照条件下，实现对空间目标的测角、测距、测速、成像等功能。这将有助于提高我国在航天智能探测领域的技术水平，为未来的空间探测任务提供强有力的技术支持。

7.2 未来航天智能探测应用领域

未来的航天智能探测应用领域正面临着前所未有的机遇与挑战。首先，跨学科探测技术的前景光明，但同时也面临重重挑战。在这一进程中，关键在于综合运用多领域的先进算法和创新技术，以实现长远的战略愿景和目标。通过跨学科的深度融合与协作，可以推动探测技术向更深层次发展，解决复杂问题，并开拓新的应用前景。其次，智能探测技术的应用范围预计将进一步扩展，其影响力和重要性将随着技术革新而日益增强。技术的持续发展预示着智能探测将在多个关键领域扮演更为核心的角色，包括但不限于太空探索、商业航天活动、国家安全防护，以及对空间环境的监测和预警系统。这些进展将推动智能探测技术成为这些领域不可或缺的工具，为相关行业带来深远的影响和价值。

7.2.1 未来跨学科探测技术发展前景

航天探测领域中，未来跨学科探测的发展前景广阔而充满挑战，在这一领域，科学家和工程师正不断探索和创新，以实现更加精确、高效的探测任务。

(1) 人工智能技术的迅猛发展为航天探测带来了新的机遇。通过应用深度学习、机器学习和数据挖掘技术，探测器能够更智能地分析和处理大量数据，从而提高探测的精度和效率。例如，NASA 已经在火星探测任务中应用了人工智能技术，通过自主导航系统使探测器能够避开障碍物并选择最佳路线。未来，人工智能将进一步与航天探测结合，实现自动化数据分析、智能故障检测和修复等功能，从而大幅提升探测任务的可靠性和效率。此外，人工智能技术的应用不仅限于数据分析和自主导航，还包括预测性维护、智能决策支持系统和自适应学习算法。通过分析历史数据和实时数据，AI 可以预测探测器可能遇到的技术问题，并提前采取措施进行维护，减少意外停机时间。

(2) 新型探测体制创新为航天探测提供新的可能。传统的探测体制在很多方面已经达到了瓶颈，难以满足日益复杂的探测需求。因此，新型探测体制的创新成为未来发展的重要方向。例如，集群探测技术通过多个小型探测器协同工作，实现对目标区域的全方位、多角度探测。这种技术不仅可以提高探测的覆盖范围和分辨率，还能通过数据融合技术提升探测的精度。SpaceX 公司的星链(Starlink)项目正是这一方向的典型应用，通过发射大量小型卫星，形成庞大的卫星网络，实现全球范围内的高精度、高速通信和导航服务。除了集群探测技术，新型探测体制还包括分布式探测网络和智能传感器网络，这些技术可以提高对复杂环境的适应能力，实现更灵活的任务规划和执行。

(3) 地球/行星等科学与航天探测的跨学科合作推动探测技术的发展。航天探测不仅依赖于航天技术本身，还需要地球科学、行星科学等多个学科的协同合作。例如，在地球观测领域，地质学家、气象学家和环境科学家共同参与数据的分析和解读，从而获得更全面的科学成果。欧洲航天局的"地球观测计划"(Earth Observation Programme) 便是跨学科合作的典范，该计划通过多颗卫星的联合观测，收集并分析地球表面和大气层的数据，为全球气候变化、自然灾害监测等提供了重要支持。跨学科合作不仅促进了数据的共享和分析，还推动了新探测方法和工具的开发，如生物学家和化学家参与到外星生命探测任务中，通过分析行星表面的有机分子和生命迹象，为寻找地外生命提供科学依据。

(4) 新材料和先进制造技术的发展为航天探测器提供了更坚固、更轻便、更耐用的材料。这些新材料不仅能够抵御太空环境的极端条件，还能提高航天探测器的性能和寿命。例如，碳纤维复合材料的应用显著减轻了航天探测器的重量，同时提高了其强度和耐热性能。此外，3D 打印技术的应用使得复杂结构的制造更加便捷和经济，有助于实现航天探测器的定制化设计和快速生产。新材料和先进制造技术的进步也为航天探测器的能源系统带来了革新，如新型太阳能电池和燃料电池的开发，可以提供更高效、更持久的能源供应，延长航天探测器的使用寿命。同时，自修复材料的研究也为航天探测器的长期运行提供了保障。

(5) 多光谱和超光谱探测技术的发展为航天探测提供了更丰富、更精确的观测数据。这些技术通过在不同波长范围内捕捉图像，能够识别和分析物质的成分和特性。例如，

NASA 的"地球观测一号"(EO-1)卫星上搭载的超光谱成像仪 Hyperion，能够在 220 多个波段内进行成像，为地质研究、农业监测和环境保护提供了宝贵的数据支持。未来，随着探测器灵敏度和分辨率的不断提升，多光谱和超光谱技术将在行星探测、资源勘探等领域发挥更加重要的作用。

(6) 量子技术的发展为航天探测带来了新的可能性，如量子通信和量子计算。量子通信可以提供几乎无法被破解的通信方式，确保探测数据的安全传输。量子计算则可以处理复杂的数据分析任务，为航天探测提供更强大的计算支持。

(7) 自主机器人和无人机技术的进步为航天探测提供了新的平台。这些平台可以在危险或难以到达的环境中执行任务，如行星表面探索、深海探测和极地考察。中国在深空探测领域的发展计划，如探月工程和行星探测工程，也预计将在 2030 年前后实现载人登月，并建设国际月球科研站。这些计划中，自主机器人和无人机也将在月球和火星的探测任务中扮演重要角色，执行资源探测开采、月面运输操作等任务。

综上所述，航天探测技术的发展前景广阔而充满挑战。通过跨学科合作和技术创新，未来的航天探测将实现更加精确、高效的目标，为人类探索宇宙、了解地球和其他行星提供重要支持。

7.2.2 未来航天智能探测的应用场景

航天智能探测的未来应用场景广泛且多样，涵盖了诸多领域，每个领域都展示了这一技术的巨大潜力和深远影响。以下是几个主要领域及其应用示例：

(1) 行星和天体探测。航天智能探测技术在行星和天体探测领域扮演着举足轻重的角色。凭借其先进的探测设备和智能算法，科研人员能够对行星、大型小行星、彗星以及其他天体进行深入研究，从而揭示宇宙的奥秘。例如，我国"嫦娥六号"月球探测器搭载的高精度光谱分析仪，能够对月球表面的土壤和岩石样本进行详细分析，寻找月球上可能存在的生命迹象或有机物。这一探测任务的实施，不仅有助于深化人们对月球的认知，也为未来月球资源的开发和利用提供了科学依据。

同样，智能探测技术在火星探测中也发挥着关键作用。例如，"好奇号"火星探测器利用人工智能技术自主分析火星表面的岩石样本，寻找古代生命的迹象。通过分析火星岩石的化学成分和结构特征，科学家能够推断火星过去的环境条件，为探索火星上是否存在生命提供线索。此外，未来更多的行星探测任务，如火星样本返回任务、木星和土星的卫星探测任务等，将更加依赖于智能探测技术，以获取更丰富的科学数据，深入了解太阳系的形成和演化过程。

(2) 火箭回收与再利用。在火箭回收与再利用领域，航天智能探测技术正扮演着越来越关键的角色。借助于精确的轨道计算和先进的自主导航系统，火箭的第一级助推器不仅能够安全返回，还能够准确降落在预定的地点，从而实现了火箭的回收与再利用。SpaceX 公司的"猎鹰 9 号"火箭就是这一技术的成功范例，其火箭助推器能够实现多次回收和重复使用，极大降低了发射成本，提高了航天发射的经济效益。

未来，随着智能探测技术的进一步发展和应用，火箭回收的精度和效率将得到进一步提升。智能探测技术将使得火箭回收更加精准，不仅能够提高火箭的回收成功率，还能够提高回收过程的效率，进一步降低发射成本。同时，智能探测技术还将推动航天发射的商业化进程，使得更多的商业公司能够参与到航天发射市场中，进一步推动航天事业的发展。

(3) 太空资源探测与开发。太空资源探测与开发是航天智能探测技术的重要应用方向，这一领域的发展对于人类未来太空探索和资源利用具有深远意义。通过高分辨率遥感技术和智能数据分析，航天智能探测设备能够识别和评估小行星、月球和火星等天体上的资源，如水、矿物和稀有金属。这些资源的开发利用对于解决地球上的资源短缺问题、推动太空探索和地外移民进程具有重要意义。例如，日本宇宙航空研究开发机构的"隼鸟 2 号"探测器成功从小行星"龙宫"上采集样本并带回地球。我国的"嫦娥六号"探测器已于 2024 年发射，实现了世界首次月球背面采样返回；计划于 2026 年前后发射"嫦娥七号"，实现月球南极的环境与资源勘查；2028 年前后发射"嫦娥八号"，和"嫦娥七号"一起构成国际月球科研站基本型。国际月球科研站将分阶段实施，突破月面远程运输、能源动力、地月往返等核心技术，逐步建成长期无人自主运行、短期有人参与的月球科研站，支撑更远、更大规模的深空探测活动。我国还将分三步建设"鹊桥"通导遥综合星座系统，分为先导型、基本型和拓展型星座，分别在 2030 年前后、2040 年前后和 2050 年前后建成，为载人登月、国际月球科研站，以及更深远的火星、金星、巨行星和太阳系边际探测等提供支持。

智能探测技术的发展将进一步提高资源探测的精度和效率，支持太空资源的可持续利用。通过精确的轨道计算和自主导航系统，航天器能够更加准确地探测和评估太空资源，从而提高资源开发的效率。同时，智能探测技术还将有助于降低太空资源开发的风险和成本，推动太空资源的商业化利用。

(4) 空间环境监测与预警。空间环境监测与预警是航天智能探测技术的重要应用之一，其对于保障航天器和地面设施的安全具有重要意义。通过实时监测太阳活动、地磁场变化和空间碎片的分布，航天智能探测技术能够及时预警潜在威胁，从而采取有效措施保护航天器和地面设施的安全。例如，ESA 开发的空间态势感知(SSA)系统就是一个成功的案例。该系统利用卫星和地面观测站的数据，实时监测和分析空间环境，为航天任务提供预警和防护措施。SSA 系统能够监测太阳耀斑、地磁暴等空间环境变化，及时向航天任务发出预警，并提供相应的防护措施，以确保航天器的安全。

同时，智能探测技术的应用将进一步提升空间环境监测的精度和响应速度。通过使用高分辨率遥感技术和先进的智能数据分析算法，可以更加精确地监测太阳活动、地磁场变化以及空间碎片的分布。此外，利用人工智能和机器学习技术，可以对大量的空间环境数据进行实时分析和处理，从而提高空间预警的准确性和及时性。

(5) 国防安全。在国防安全领域，航天智能探测技术具有不可替代的战略意义。凭借其高分辨率成像、雷达和电子侦察技术，航天智能探测能够对潜在威胁进行实时监测和分析，从而保障国家的安全。例如，美国的"下一代过顶持续红外系统"(NG-OPIR)，旨在进一步提升导弹预警能力，并逐步取代 SBIRS。凭借其先进的红外传感器和数据处理技术，可探测和发现处于助推段的弹道导弹，识别导弹类型、燃尽速度、轨迹和可能的撞击点等，并为决策者提供红外表征数据等关键情报。

此外，我国在空间安全领域也取得了显著的成就。我国的"高分"系列卫星通过高分辨率成像技术，为国家安全提供了重要支持。这些卫星能够对地面目标进行详细监测，及时发现和识别潜在威胁，为国家的决策提供科学依据。展望未来，随着智能探测技术持续进步并广泛应用，其在空间安全领域的战略地位和作用将日益显著。随着技术的进一步成熟，预计航天智能探测技术将在保障国家安全和太空防御方面发挥更为关键的作用。智能探测技术将进一步提升空间安全的效能和精度，为国家的安全提供更加坚实的技术支持。

(6) 商业航天。商业航天领域中，航天智能探测技术的应用正日益广泛，尤其在卫星通信、定位导航和遥感监测等领域。这些技术的应用不仅提高了商业航天的效率和效益，还为各行各业提供了新的服务模式。

首先，在卫星通信领域，通过智能化的卫星网络，可以实现全球范围内的高速通信和精准导航服务。例如，SpaceX 公司的星链项目，通过发射大量低轨道卫星，构建全球卫星互联网，实现高速、低延迟的网络连接。这种技术不仅为全球用户提供高速、稳定的网络服务，还支持了远程医疗、在线教育、远程监控等新兴业务的发展。

其次，在定位导航领域，航天智能探测技术为商业航天提供了更加精准和可靠的导航服务。例如，北斗导航卫星系统(BDS)作为我国的全球卫星导航系统，已经实现了全球范围内的覆盖，为用户提供高精度、高可靠性的定位、导航和时间同步服务。北斗导航卫星系统在交通运输、海洋渔业、地质勘探等领域得到了广泛应用，为提高工作效率和保障安全提供了有力支持。

最后，在遥感监测领域，航天智能探测技术的应用可以对地球表面的变化进行实时监测，支持农业、环保、灾害预警等领域的应用。例如，依托"吉林一号"卫星遥感数据，长光卫星利用人工智能算法，实现了全国地表分类的精准化、自动化更新，可以在线完成建筑、道路、水体、林木以及不同类型农作物的自动识别，识别精度超过 95%。这些卫星的数据被广泛应用于地质勘探、城市规划、农业监测、环境保护等多个领域，对国家的经济社会发展和国家安全保障提供了重要支持。

综上所述，航天智能探测的未来应用场景广泛而多样，其在行星探测、火箭回收、太空资源开发、空间环境监测、国防安全和商业航天等领域的应用，不仅展示了其巨大潜力，也为人类的未来空间探索提供了无限可能。通过不断的技术创新和跨学科合作，航天智能探测技术将进一步推动航天事业的发展，实现更高效、更精准、更安全的探测任务。

习　题

7.1　当前地基探测系统与空基探测系统可能存在的挑战与难点是什么？

7.2　当前航天探测系统存在哪些局限性？为解决这些局限性可以采取哪些智能化的手段？请简述可能存在的局限性，并分析这些智能化手段的可行性与不足。

7.3　请结合国内外的一个航天探测任务，分析该任务中探测系统可能存在的不足，并提出一个合理的改进设想。

7.4　未来航天智能探测系统的发展方向和趋势如何？请结合自身的专业知识和背景进行设想。

7.5　航天智能探测系统的发展可能需要哪些领域的支持？能够带动哪些行业的发展？请从技术创新、产品应用、经济效益等角度，对可能涉及的跨学科交叉场景进行分析。

7.6　请结合国内外航天探测任务与航天探测系统发展现状，分析未来航天智能探测系统的应用场景。

主要参考文献

[1] 于志坚. 航天测控系统工程[M]. 北京: 国防工业出版社, 2008.

[2] 陈宜元. 卫星无线电测控系统(上)[M]. 北京: 中国宇航出版社, 2007.

[3] 陈宜元. 卫星无线电测控系统(下)[M]. 北京: 中国宇航出版社, 2007.

[4] 丁鹭飞, 耿富录, 陈建春. 雷达原理[M]. 4 版. 北京: 电子工业出版社, 2009.

[5] 刘林, 汤靖师. 卫星轨道理论与应用[M]. 北京: 电子工业出版社, 2015.

[6] 刘林, 侯锡云. 深空探测轨道理论与应用[M]. 北京: 电子工业出版社, 2015.

[7] 高梅国, 付佗. 空间目标监视和测量雷达技术[M]. 北京:国防工业出版社, 2017.

[8] 马林. 空间目标探测雷达技术[M]. 北京:电子工业出版社, 2013.

[9] 刘磊, 梁志毅, 葛致磊, 等. 空天光电探测基础[M]. 北京:科学出版社, 2023.

[10] 吴连大, 熊建宁, 牛照东, 等. 空间目标的天基探测[M]. 北京:科学出版社, 2017.

[11] 吴连大, 熊建宁, 吴功友. 近地目标探测的天基篱笆[M]. 北京:科学出版社, 2022.

[12] 李柳元, 刘文龙, 曹江, 等. 空间探测数据处理和分析方法[M]. 北京:北京航空航天大学出版社, 2023.

[13] 严恭敏, 翁浚. 捷联惯导算法与组合导航原理[M]. 西安: 西北工业大学出版社, 2019.

[14] 武汉大学测绘学院测量平差学科组. 误差理论与测量平差基础[M]. 武汉: 武汉大学出版社, 2009.

[15] 黄珹, 刘林. 参考坐标系及航天应用[M]. 北京: 电子工业出版社, 2015.

[16] 刘林. 航天器轨道理论[M]. 北京: 国防工业出版社, 2000.

[17] MONTENBRUCK O, GILL E. 卫星轨道[M]. 王家松, 祝开建, 胡小工, 译. 北京: 国防工业出版社, 2012.

[18] MONTENBRUCK O, GILL E. Satellite Orbits , Models, Method, and Applications[M]. New York: Springer Verlag Berlin Heidelberg, 2000.

[19] TAPLEY B D, SCHUTZ B E, GEORGE H B. Statistical Orbit Determination[M]. San Diego: Elsevier Academic Press, 2004.

[20] MOYER T D. Formulation for Observed and Computed Values of Deep Space Network Data Types for Navigation[M]. New York: John Wiley & Sons, Inc., 2003.

[21] REIGBER C, JOCHMANN H, WÜNSCH J. Earth Gravity Field and Seasonal Variability from CHAMP[M]. New York: Springer Verlag Berlin Heidelberg, 2005.

[22] 罗志才, 钟波, 周浩, 等. 利用卫星重力测量确定地球重力场模型的进展[J]. 武汉大学学报·信息科学版, 2022, 47(10): 1713-1727.

[23] 郑鸿儒, 马岩, 张帅, 等. 空间目标轨道外热流计算及辐射特性研究[J]. 中国光学(中英文), 2024, 17(1): 187-197.

[24] 龙洗, 蔡伟伟, 杨乐平. 空间目标探测多传感器协同规划[J]. 国防科技大学学报, 2024, 46(4): 37-44.

[25] 苏振华, 刘新颖, 丁奕冰, 等. 一种基于红外图像的空间目标探测方法[J]. 航天器环境工程, 2024, 41(1): 27-33.

[26] 焦建超, 王超, 俞越, 等. 轻型高灵敏暗弱空间目标探测光学相机技术[J]. 红外与激光工程, 2023, 52(5): 272-277.

[27] 孙天宇, 唐义, 刘婉玉, 等. 星载紫外相机空间目标探测能力研究[J]. 深空探测学报(中英文), 2024, 11(1): 100-108.

[28] 周建华. 序贯处理与成批处理在定轨应用中的一些问题[J]. 测绘学报, 1993(2): 142-148.

[29] 余敏, 罗建军, 王明明. 基于机器学习的空间翻滚目标实时运动预测[J]. 航空学报, 2021, 42(2): 195-205.

[30] 侯鹏荣, 王哲龙, 武强, 等. 空间环境态势感知技术研究进展[J]. 空间碎片研究, 2023, 23(4): 11-21.

[31] 王瑞琳, 王立, 贺盈波, 等. 空间点目标神经形态学探测方法[J]. 中国空间科学技术(中英文), 2024, 44(3): 98-110.

[32] SOFFEL M, KLIONER S A, PETIT G, et al. The IAU 2000 resolutions for astrometry, celestial mechanics, and metrology in the relativistic framework: Explanatory supplement[J]. Astronomical Journal, 2003, 126(6): 2687-2706.

[33] HUANG C, RIES J C, TAPLEY B D, et al. Relativistic effects for near-earth satellite orbit determination[J]. Celestial Mechanics

and Dynamical Astronomy, 1990, 48(2): 167-185.

[34] HOPFIELD H S. Two-quartic tropospheric refractivity profile for correcting satellite data[J]. Journal of Geophysical Research, 1969, 74(18): 4487-4499.

[35] DUBEY S, WAHI R, GWAL A K. Ionospheric effects on GPS positioning[J]. Advances in Space Research, 2006, 38(11): 2478-2484.

[36] SPARKS L, KOMJATHY A, MANNUCCI A J. Sudden ionospheric delay decorrelation and its impact on the Wide Area Augmentation System (WAAS)[J]. Radio Science, 2004, 39(1): RS1S13.

[37] MARINI J W. The effect of satellite spin on two-way doppler rang-rate measurements[J]. IEEE Transactions on Aerospace and Electronic System, 1971, 7(2): 316-320.

[38] BOLLJAHN J T. Effects of satellite spin on ground-received signal[J]. IRE Transactions on Antennas and Propagation, 1958, 6(3): 260-267.

[39] VERMA A K, FIENGA A, LASKAR J, et al. Electron density distribution and solar plasma correction of radio signals using MGS, MEX, and VEX spacecraft navigation data and its application to planetary ephemerides[J]. Astronomy & Astrophysics, 2013, 550: A124.

[40] LESS L, DI BENEDETTO M, JAMES N, et al. Astra: Interdisciplinary study on enhancement of the end-to-end accuracy for spacecraft tracking techniques[J]. Acta Astronautica, 2014, 94(2): 699-707.

[41] 谢丹丹. 天基可见光探测系统指标的优化[D]. 长春: 中国科学院大学(中国科学院长春光学精密机械与物理研究所), 2024.

[42] 叶茂. 月球探测器精密定轨软件研制与四程中继跟踪测量模式研究[D]. 武汉: 武汉大学, 2016.

[43] 杨小姗. 基于人工智能芯片的空间目标感知方法[D]. 太原: 太原理工大学, 2022.

[44] 张迪. 基于地基望远镜的暗弱空间目标检测技术研究[D]. 长春: 中国科学院大学(中国科学院长春光学精密机械与物理研究所), 2020.

[45] 吕婧. 天基噪声雷达空间高速目标探测研究[D]. 南京: 南京理工大学, 2018.

[46] 刘丽兰, 高增桂, 蔡红霞. 智能决策技术及应用[M]. 北京: 机械工业出版社, 2022.

[47] 王树森, 黎彧君, 张志华. 深度强化学习[M]. 北京: 人民邮电出版社, 2022.

[48] GOODFELLOW I, BENGIO Y, COURVILLE A. 深度学习[M]. 赵申剑, 黎彧君, 符天凡, 等, 译. 北京: 人民邮电出版社, 2021.

[49] 周志华. 机器学习[M]. 北京: 清华大学出版社, 2016.

[50] BROCKWEL P J, DAVIS R A. 时间序列的理论与方法[M]. 田铮, 译. 北京: 高等教育出版社, 2001.

[51] 苏国韶, 张研, 肖义龙. 高斯过程机器学习及其工程应用[M]. 北京: 科学出版社, 2020.

[52] 王定成. 支持向量机建模预测与控制[M]. 北京: 气象出版社, 2009.

[53] 周浦城, 李从利, 王勇, 等. 深度卷积神经网络原理与实践[M]. 北京: 电子工业出版社, 2020.

[54] 刘凡平. 神经网络与深度学习应用实战[M]. 北京: 电子工业出版社, 2018.

[55] 何春梅. 人工神经网络: 模型、算法及应用[M]. 北京: 电子工业出版社, 2022.

[56] 易丹辉, 王燕. 应用时间序列分析[M]. 5版. 北京: 中国人民大学出版社, 2019.

[57] 何书元. 应用时间序列分析[M]. 北京:北京大学出版社, 2007.

[58] 吴郯. 基于深度学习的空间目标智能检测与识别算法研究[D]. 西安:西安电子科技大学, 2021.

[59] 王健. 基于自适应巡航的多目标跟踪算法研究[D]. 合肥:合肥工业大学, 2019.

[60] 常世桢. 基于背景建模与异常判别的高光谱目标检测研究[D]. 武汉: 武汉大学, 2022.

[61] 饶伟强. 高光谱图像深度学习目标探测方法研究[D]. 北京: 中国科学院大学(中国科学院空天信息创新研究院), 2022.

[62] 曹建峰, 胡松杰, 黄勇, 等. "嫦娥二号"卫星拓展试验轨道计算中心天体的选取[J]. 中国空间科学技术, 2013, 33(2): 13-18.

[63] 张昌芳, 毕兴. 人工智能技术在空间态势感知领域应用需求和建议[J]. 空间碎片研究, 2021, 21(2): 52-57.

[64] 崔亚奇, 徐平亮, 龚诚, 等. 基于全球 AIS 的多源航迹关联数据集[J]. 电子与信息学报, 2023, 45(2): 746-756.

[65] 刘毅. 人工神经智能在航迹控制系统中的应用[J]. 舰船科学技术, 2016, 38(16): 73-75.

[66] 李正东, 杨帆, 王长城, 等. 基于图像与航迹信息融合的目标属性识别方法[J]. 兵器装备工程学报, 2024, 45(2): 232-237.

[67] 黄权印, 蔡益朝, 李浩, 等. 基于改进注意力机制的自适应航迹预测方法[J]. 空天防御, 2024, 7(3): 94-101.

[68] WANG Y L, CHEN X, ZHAO E Y, et al. Self-supervised spectral-level contrastive learning for hyperspectral target detection[J]. IEEE Transactions on Geoscience and Remote Sensing, 2023, 61: 5510515.

[69] DANELLJAN M, HAGER G, KHAN F S, et al. Discriminative scale space tracking[J]. IEEE Transactions on Pattern Analysis and Machine Intelligence, 2017, 39(8): 1561-1575.

[70] ZHANG H, ZHANG Y, FENG Q J, et al. Review of machine-learning approaches for object and component detection in space electro-optical satellites[J]. International Journal of Aeronautical and Space Sciences, 2024, 25(1): 277-292.

[71] SU S P, NIU W L, LI Y Z, et al. Dim and small space-target detection and centroid positioning based on motion feature learning[J]. Remote Sensing, 2023, 15(9): 2455.

[72] JIANG P, LIU C Z, YANG W B, et al. Automatic space debris extraction channel based on large field of view photoelectric detection system[J]. Publications of the Astronomical Society of the Pacific, 2022, 134(1032): 024503.

[73] LIN B, YANG X, WANG J, et al. A robust space target detection algorithm based on target characteristics[J]. IEEE Geoscience and Remote Sensing Letters, 2022, 19:5.

[74] CHEN L, CHEN X, RAO P, et al. Space-based infrared aerial target detection method via interframe registration and spatial local contrast[J]. Optics and Lasers in Engineering, 2022, 158: 107131.

[75] LIU D, WANG X D, LI Y H, et al. Space target detection in optical image sequences for wide-field surveillance[J]. International Journal of Remote Sensing, 2020, 41(20): 7846-7867.

[76] HUANG D, HUANG S C. Dim and small target detection based on characteristic spectrum[J]. Journal of the Indian Society of Remote Sensing, 2018, 46(11): 1915-1923.

[77] 师明, 高宇辉, 崔云飞, 等. 深空探测任务智能规划技术发展综述[J]. 航天器工程, 2024, 33(1): 115-122.

[78] 于登云, 张哲, 泮斌峰, 等. 深空探测人工智能技术研究与展望[J]. 深空探测学报, 2020, 7(1): 11-23.

[79] 叶培建, 孟林智, 马继楠, 等. 深空探测人工智能技术应用及发展建议[J]. 深空探测学报, 2019, 6(4): 303-316,383.

[80] 陈杰, 谭天乐, 陈萌. 人工智能航天领域应用参考模型[J]. 上海航天, 2019, 36(5): 1-10.